Marc Fengel

Prüfung von Photovoltaik- und Speicheranlagen

Hüthig · München/Heidelberg

Für eine bessere Lesbarkeit wird in der Regel auf eine genderspezifische Schreibweise sowie eine Mehrfachbezeichnung verzichtet. Gegebenenfalls wird ausschließlich die männliche Form verwendet. Alle personenbezogenen Bezeichnungen sind geschlechtsneutral zu verstehen.

Bibliografische Information der Deutschen Nationalbibliothek
Die Deutsche Nationalbibliothek verzeichnet diese Publikation in der Deutschen Nationalbibliografie; detaillierte bibliografische Daten sind im Internet über https://portal.dnb.de/ abrufbar.

Dieser Band basiert auf überarbeiteten Auszügen folgender Werke:
Marc Fengel, Prüfung elektrischer Anlagen: Band 1 (2021; ISBN 978-3-8101-0539-4) und Band 3 (2023; ISBN 978-3-8101-0609-4) sowie Marc Fengel: Speicher am Niederspannungsnetz (2023; ISBN 978-3-8101-0537-0).

Möchten Sie Ihre Meinung zu diesem Buch abgeben?
Dann schicken Sie eine E-Mail an das Lektorat im Hüthig Verlag:
buchservice@huethig.de
Autoren und Verlag freuen sich über Ihre Rückmeldung.

ISBN 978-3-8101-0661-2

Printed in Germany
Layout, Satz, Zeichnungen: Schwesinger, galeo:design
Titelbild: Suranto – stock.adobe.com
Druck: Westermann Druck Zwickau GmbH

Vorwort

Im Zuge der Energiewende und der Einhaltung der national und international gesetzten Klimaziele bekommen Photovoltaikanlagen eine immer größere Bedeutung. Begonnen hat dies in den 2000er-Jahren mit kleinen selbstgebauten Anlagen. Diese wurden ohne normative Vorgaben errichtet. Daraus entwickelte sich in den 2010er-Jahren ein Investmentprodukt für Privatkunden, Gewerbebetriebe und öffentliche Einrichtungen. Mit der Degression der Einspeisevergütung musste die Photovoltaikbranche immer wieder Rückschritte erleben. Mittlerweile spielt jedoch das Thema Eigenverbrauch/Autarkie sowie die Kombination von Photovoltaikanlagen mit Speichern und Einrichtungen zum Laden von Elektrofahrzeugen eine immer größere Rolle.

Im Rahmen meiner Sachverständigentätigkeit habe ich festgestellt, dass der Bedarf an Fachkräften stetig wächst. Dies gilt sowohl für die regelkonforme Errichtung von PV-Anlagen und Energiespeichern als auch für die fachgerechte Prüfung sowie eine ordentliche Wartung und Instandhaltung. Photovoltaikanlagen können wie kaum ein anderes Gewerk andere technischen Anlagen und Bauwerke beeinflussen. Insbesondere sind hier die Wechselwirkungen zwischen den Gewerken zu beachten.

Ein oft vernachlässigter Aspekt ist die Kenntnis der sogenannten „Fachfirmen“ hinsichtlich der technischen und normativen Anforderungen, die bei Planung und Errichtung solcher Anlagen für den späteren sicheren und ordnungsgemäßen Betrieb essenziell sind. Eine PV-Anlage ist weitaus mehr als nur ein Stromkreis, ein Wechselrichter und ein paar PV-Module.

Errichter von PV-Anlagen sowie deren Betreiber stehen im Rahmen von Abnahmen immer wieder vor der Herausforderung, die regelkonforme Ausführung fachgerecht zu dokumentieren bzw. die technische Dokumentation zu bewerten. Hier bestehen zusätzliche Anforderungen an die Systemdokumentation der Anlagen und die Prüfung der Gleichspannungsseite. Allerdings kennen die wenigsten Errichter diese Anforderungen, so dass insbesondere eine falsche und unvollständige Dokumentation sowie eine un-

zureichend durchgeführte und dokumentierte Erstprüfung oft zur Abnahmeverweigerung des Betreibers führen.
Dieses kompakte Taschenbuch soll einen Überblick über die Rahmenbedingungen der Prüfung von Photovoltaik- und Speicheranlagen schaffen. Nach einem Überblick über die prüfrelevanten Qualifikationsstufen in der Elektrotechnik (Kapitel 1) behandeln die beiden Kernkapitel 2 und 3 die eigentlichen Prüfungen. Kapitel 4 konzentriert sich auf die Dokumentation und den Prüfbericht. Ergänzend werden im Anhang exemplarische Mängel aus der Prüfpraxis von PV-Anlagen dargestellt.
Ich wünsche Ihnen viel Spaß beim Lesen.

Marc Fengel

Inhaltsverzeichnis

1 Qualifikationen von Personen

1.1 Laie

Unbefugte Personen im Sinne der elektrischen Anlagen sind Laien, die weder Elektrofachkraft noch elektrotechnisch unterwiesene Personen sind. Sie sind von Orten, an denen elektrische Gefährdungen auftreten können, fernzuhalten. Abgeschlossene elektrische Betriebsstätten dürfen von Laien nur in Begleitung von Elektrofachkräften oder elektrotechnisch unterwiesenen Personen betreten werden.

1.2 Befähigte Person nach TRBS 1203

Die Festlegung der Anforderungen an befähigte Personen erfolgt nach TRBS 1203. Zudem werden dort die Anforderungen an das Prüfpersonal konkretisiert. Nach TRBS 1203 Abs. 2 sind für die Prüfung befähigte Personen einzusetzen. Nur diese können aufgrund ihrer Fachkenntnisse aus Berufsausbildung, Berufserfahrung und zeitnaher beruflicher Tätigkeit ein zuverlässiges Verständnis sicherheitstechnischer Belange aufweisen. Dies ist die Voraussetzung, dass Prüfungen ordnungsgemäß durchgeführt werden können. Weiterhin benötigen die für die Prüfung befähigten Personen eine abgeschlossene Berufsausbildung oder ein Studium, anhand dessen es möglich ist, die beruflichen Kenntnisse nachzuvollziehen. Sie müssen ebenso über eine entsprechende Berufserfahrung verfügen sowie zeitnah einer geeigneten beruflichen Tätigkeit nachgehen.

Geeignete zeitnahe berufliche Tätigkeiten von befähigten Personen hinsichtlich elektrischer Gefährdungen sind z. B. nach TRBS 1203 Abs. 3.3:

- Reparatur-, Service- und Wartungsarbeiten und abschließende Prüfung an elektrischen Geräten,
- Prüfung elektrischer Betriebsmittel in der Industrie – z. B. in Laboratorien, an Prüfplätzen,

- Instandsetzung und Prüfung von elektrischen Geräten unter Leitung und Aufsicht einer befähigten Person.

Demnach können auch Meister und Techniker unter Einhaltung der zeitnahen beruflichen Tätigkeit und der Anforderungen nach TRBS 1203 zum Prüfen von Arbeitsmitteln befähigt werden.

1.3 EFK, VEFK, EuP nach VDE 0105-100

Das Arbeitsschutzgesetz (ArbSchG) regelt die Rechte und Pflichten hinsichtlich des Arbeitsschutzes zwischen Arbeitgeber und Beschäftigten. Nach ArbSchG § 3 ist der Arbeitgeber – also der Betreiber – verpflichtet, die erforderlichen Maßnahmen des Arbeitsschutzes zu treffen. Diese Aufgaben muss der Arbeitgeber nicht zwingend selbst durchführen. Er kann die Maßnahmen und Aufgaben gemäß ArbSchG § 3 (2) durch Einrichtung einer geeigneten Organisation, Bereitstellung der erforderlichen Mittel und durch Vorkehrungen in die betriebliche Führungsstruktur und, im Rahmen der Mitwirkungspflicht der Beschäftigten, in die Arbeitsabläufe integrieren.

Zu den Aufgaben gehören u.a. die Einhaltung der vom Gesetzgeber erlassenen Rechtsverordnungen sowie die Einhaltung der Unfallverhütungsvorschriften. Nach DGUV Vorschrift 3 § 3 (1) hat der Unternehmer (= Betreiber = Arbeitgeber) dafür zu sorgen, dass die elektrischen Anlagen und Betriebsmittel den elektrotechnischen Regeln entsprechend betrieben werden. Hierfür kann der Arbeitgeber gemäß ArbSchG § 13 (2) auch zuverlässige und fachkundige Personen als verantwortliche Personen schriftlich mit den Aufgaben beauftragen.

1.3.1 Die Elektrofachkraft

Nach DIN VDE 1000-10 Abs. 3.2 ist eine Elektrofachkraft eine Person, die aufgrund ihrer fachlichen Ausbildung, Kenntnisse und Erfahrungen sowie Kenntnis der einschlägigen Normen die ihr übertragenen Arbeiten beurteilen und mögliche Gefahren erkennen kann.

1.3.2 Die verantwortliche Elektrofachkraft

Eine „verantwortliche Elektrofachkraft“ (VEFK) ist darüber hinaus nach DIN VDE 1000-10 Abs. 3.2 eine Person, die als Elektrofachkraft die Fach- und Aufsichtsverantwortung übernimmt und vom Arbeitgeber dafür bestellt wird. Elektrofachkräfte, die zur verantwortlichen Elektrofachkraft bestellt werden, müssen demnach der Beauftragung zustimmen. Ist allerdings eine Stellenbeschreibung vorhanden, oder liegt ein Alleinstellungsmerkmal wie eine Stellen- und Berufsbezeichnung „Elektromeister als Werkstattleiter“ vor, ist eine zusätzliche Benennung als VEFK aufgrund der eindeutigen fachlichen Verantwortung nicht erforderlich. Ein klares Organigramm mit einer Qualifikations- und Stellenanforderung ist demnach in vielen Fällen ausreichend.

Zur verantwortlichen Elektrofachkraft wird man somit durch

- die schriftliche Bestellung des Arbeitgebers und die Zustimmung der EFK oder
- durch eine Stellenbeschreibung mit einer entsprechenden Qualifikations- und Stellenanforderung.

Gemäß der Stellungnahme des DKE zu den Anforderungen an die im Bereich der Elektrotechnik tätigen Personen ist in Unternehmen mit mehreren verantwortlichen Elektrofachkräften eine geeignete Organisation zu finden und zu definieren, um die Verantwortlichkeiten in elektrotechnischen Bereichen klar zu regeln. Bei Unternehmen oder Unternehmensbereichen mit nur einer Elektrofachkraft (EFK) ist eine zusätzliche VEFK nicht erforderlich.

In der Arbeitsorganisation muss nach DIN VDE 0105-100 Abs. 4.3 jede elektrische Anlage unter der Verantwortung einer Person des Anlagenbetreibers stehen. Der Zugang zu allen Orten ist zu regeln und die Art der Zugangsregelung und -überwachung ist vom Anlagenbetreiber festzulegen. Demnach muss jede elektrische Anlage, an der gearbeitet wird, unter der Verantwortung eines Anlagenverantwortlichen stehen, der gegenüber Nicht-EFKs die Aufgaben als VEFK weisungsfrei ausführt. Die Organisation obliegt dem Betreiber.

1.3.3 Die elektrotechnisch unterwiesene Person

Darüber hinaus definiert die DIN VDE 0105-100 die „elektrotechnisch unterwiesene Person“ (EuP). Die EuP ist von Elektrofachkräften über die ihr übertragenen Aufgaben zu unterweisen. Zweck der Unterweisung ist,

- die EuP über mögliche Gefahren bei unsachgemäßem Verhalten zu unterrichten,
- diese erforderlichenfalls anzulernen,
- diese über die notwendigen Schutzmaßnahmen zu unterweisen.

Der Umfang, in dem EuPs Arbeiten ausführen dürfen, beschränkt sich somit ausschließlich auf die Tätigkeiten, in denen sie unterwiesen wurden.

1.4 Wer darf was?

Tabelle 1 zeigt die Randbedingungen für das Arbeiten an unter Spannung stehenden Teilen hinsichtlich der Auswahl des Personals in Abhängigkeit von der Nennspannung gemäß der Durchführungsanweisung nach DGUV Vorschrift 4.

Nennspannung in V	Arbeiten	EFK	EuP	Laie
bis AC 50 V und bis DC 120 V	Alle Arbeiten, soweit eine Gefährdung, z. B. durch Lichtbogenbildung, ausgeschlossen ist.	X	X	X
über AC 50 V und über DC 120 V	Heranführen von Prüf-, Mess- und Justiereinrichtungen, z. B. Spannungsprüfern, von Werkzeugen zum Bewegen leichtgängiger Teile, von Betätigungsstangen.	X	X	
	Heranführen von Werkzeugen und Hilfsmitteln zum Reinigen sowie das Anbringen von geeigneten Abdeckungen und Abschrankungen.	X	X	
	Herausnehmen und Einsetzen von nicht gegen direktes Berühren geschützten Sicherungseinsätzen mit geeigneten Hilfsmitteln, wenn dies gefahrlos möglich ist.	X	X	
	Anspritzen von unter Spannung stehenden Teilen bei der Brandbekämpfung oder zum Reinigen.	X	X	
	Arbeiten an Akkumulatoren und Photovoltaikanlagen unter Beachtung geeigneter Vorsichtsmaßnahmen.	X	X	
	Arbeiten in Prüfanlagen und Laboratorien unter Beachtung geeigneter Vorsichtsmaßnahmen, wenn es die Arbeitsbedingungen erfordern.	X	X	
	Abklopfen von Raureif mit isolierenden Stangen.	X	X	
	Fehlereingrenzung in Hilfsstromkreisen (z. B. Signalverfolgung in Stromkreisen, Überbrückung von Teilstromkreisen) sowie Funktionsprüfung von Geräten und Schaltungen.	X		
	Sonstige Arbeiten, wenn a) zwingende Gründe durch den Betreiber festgestellt wurden und b) Weisungsbefugnis, Verantwortlichkeiten, Arbeitsmethoden und Arbeitsablauf (Arbeitsanweisung) schriftlich für speziell ausgebildetes Personal festgelegt worden sind.	X		
bei allen Nennspannungen	Alle Arbeiten, wenn die Stromkreise mit ausreichender Strom- oder Energiebegrenzung versehen sind und keine besonderen Gefährdungen (z. B. wegen Explosionsgefahr) bestehen.	X	X	X
	Arbeiten zum Abwenden erheblicher Gefahren, z. B. für Leben und Gesundheit von Personen oder Brand- und Explosionsgefahren.	X		
	Arbeiten an Fernmeldeanlagen mit Fernspeisung, wenn Strom kleiner als AC 10 mA oder DC 30 mA.	X	X	X

Tabelle 1 Zulässige Arbeiten für Laien, EuP, EFK in Anlehnung an die Durchführungsanweisung zur DGUV Vorschrift 4

2 Prüfung von Photovoltaik-Stromversorgungssystemen

Kaum ein anderes Gewerk greift so wesentlich in elektrische Anlagen eines Gebäudes ein wie eine PV-Anlage. Was vor 20 Jahren mit dem ersten Boom der Solarbranche als reines Investmentprodukt begann, wurde mit fortschreitender Entwicklung von Speichern zu einem dezentralen Energieversorgungskonzept. Gerade in den Anfangsjahren der Photovoltaik sprossen vertriebsfixierte Unternehmen aus dem Boden, die Betreibern, Investmentgesellschaften und Privatkunden diese Anlagen als Finanzprodukt verkauften. Dieser Umstand führte allerdings dazu, dass z. B. auch Unternehmen wie Dachdeckerfirmen diese Anlagen montierten und eine „Fachfirma" nur den elektrischen Anschluss vornahm – möge der Billigste gewinnen! Dieser Umstand sorgte dafür, dass das Geschäft mit PV-Anlagen nicht mehr im klassischen Elektrohandwerk seine Heimat hatte, sondern aus Geflechten von Projektentwicklern, Subunternehmern, Betreibergesellschaften und Dachvermietungen wuchs und bei Großprojekten hinsichtlich Prüfungen und Betreiberpflichten außer Acht gelassen wurde. Dieses Kapitel befasst sich mit den spezifischen Teilen der Prüfung von PV-Anlagen im Rahmen von Erst- und Wiederholungsprüfungen und deren Prüfgrundlagen speziell für die Gleichspannungsseite.

2.1 Prüfgrundlagen für Erst- und Wiederholungsprüfungen

2.1.1 Die Erstprüfung

Bei Erstprüfungen geht es primär um den Nachweis der regelkonformen Installation in Übereinstimmung mit der DIN VDE 0100-Reihe sowie weiteren zutreffenden Regelwerken zum Auslösen der Vermutungswirkung auf Grundlage § 49 des EnWG zu Gunsten des Errichters. Die Prüfung umfasst alle Maßnahmen, mit denen die Übereinstimmung der elektrischen Anlage mit den Anforderungen der zutreffenden Regelwerke, insbesondere der DIN VDE 0100-Reihe, überprüft werden.

Die Prüfung umfasst im wesentlichen folgende Schritte:

- Besichtigen,
- Erproben,
- Messen.

Das *Besichtigen* umfasst die Untersuchung einer elektrischen Anlage mit allen Sinnen. Im Rahmen der Erstprüfung ist damit die ordnungsgemäße Errichtung der elektrischen Betriebsmittel durch den Errichter festzustellen und nachzuweisen. Das Erproben und Messen beinhaltet alle Maßnahmen, mit denen die ordnungsgemäße Funktion einer elektrischen Anlage nachgewiesen wird.

Das *Erproben* meint überwiegend die Betätigung von Test- und Prüftasten sowie die Erprobung funktionaler Anforderungen.

Das *Messen* umfasst Maßnahmen zur Erfassung von Messgrößen. Im Rahmen der Erstprüfung liegt der Zweck von Messungen primär im Nachweis der Wirksamkeit der angewendeten Schutzmaßnahmen gegen elektrischen Schlag. Weitergehende Messungen dienen ergänzend dem Nachweis der korrekten Verschaltung und der korrekten Anschlüsse.

Werden bestehende elektrische Anlagen erweitert oder geändert, sind die von der Änderung und Erweiterung betroffenen Anlagenteile wie neu errichtete elektrische Anlagen zu betrachten. Der Errichter muss bei Änderungen oder Erweiterungen in bestehenden elektrischen Anlagen zuvor prüfen, ob sich die geänderten oder erweiterten Teile der elektrischen Anlage nach DIN VDE 0105-100 im ordnungsgemäßen Zustand befinden. Einen „Bestandsschutz“ auf Mängel gibt es nämlich nicht. Entdeckt der mit der Änderung oder Erweiterung der elektrischen Anlage beauftragte Errichter erhebliche Mängel in der bestehenden elektrischen Anlage, die auch die sichere und regelkonforme Errichtung der Änderung oder Erweiterung betreffen, sollte der Errichter oder Anlagenplaner dem Auftraggeber die Notwendigkeit erforderlicher Anpassungen und Instandsetzungen schriftlich anzeigen.

2.1.2 Die wiederkehrende Prüfung

Wiederkehrende Prüfungen fallen in den Anwendungsbereich der DIN VDE 0105-100. Nach DIN VDE 0105-100 Abs. 5.3.3.101 ist die elektrische Anlage, inkl. PV-Stromversorgungssystemen, in geeigneten Zeitabständen zu prüfen. Im Gegensatz zur Normenreihe der DIN VDE 0100 obliegt die Einhaltung und Sicherstellung des ordnungsgemäßen Zustandes dem Betreiber.

Eine Anlage ist nach DIN VDE 0105-100 Abs. 5.3.101 im ordnungsgemäßen Zustand, wenn diese den zum Zeitprunkt gültigen Errichtungsnormen entspricht und keine sicherheitsrelevanten Mängel festgestellt werden. Hierzu sind auch zwischenzeitlich geänderte Umgebungs- und Betriebsbedingungen zu berücksichtigen und entsprechende Anpassungen vorzunehmen. Ebenso ist eine Anlage im ordnungsgemäßen Zustand, wenn sie den zum Zeitpunkt der Prüfung gültigen Errichtungsbestimmungen entspricht. Dieser Zustand liegt typischerweise bei den ersten wiederkehrenden Prüfzyklen vor, sofern entweder im Betrieb freiwillig oder auf Grundlage der Gefährdungsbeurteilung des Betreibers Anpassungen vorgenommen wurden, die Anlage erweitert wurde oder für die bestehende elektrische Anlage noch immer die zum Errichtungszeitpunkt gültigen Errichtungsbestimmungen gelten.

Die Häufigkeit wiederkehrender Prüfungen ist nach DIN VDE 0105-100 Abs. 5.3.3.101.6 unter Berücksichtigung der Art der Anlage und deren Verwendung festzulegen. Hierbei sind zudem Qualität, Art und Umfang der Anlagenwartung und deren äußere Einflüsse zu berücksichtigen. Allerdings enthält die DIN VDE 0105-100 in der derzeit gültigen Fassung keine verbindlichen Anforderungen an die Häufigkeit wiederkehrender Prüfungen.

Wie oft und in welchen Intervallen die Prüfung durchzuführen ist, ergibt sich gemäß Abs. 5.3.3.101.6 Anmerkung 1 durch gesetzliche oder andere nationale Bestimmungen. Je nach Betreiber ist zwischen unterschiedlichen gesetzlichen Prüfgrundlagen zu unterscheiden. Im Wesentlichen wird zwischen folgenden Betreibern unterschieden:

- privater Betreiber,
- gewerblicher Betreiber,
- öffentlicher Betreiber.

Privater Bereich

Im privaten Bereich regelt das Bürgerliche Gesetzbuch (BGB) die Rechte und Pflichten zwischen zwei Vertragsparteien. Einen der häufigsten Anwendungsfälle stellt die klassische Mietwohnung bzw. das Haus dar. Mittlerweile bieten örtliche Stadtwerke, Energieversorger und einige Start-ups Mietmodelle für PV-Anlagen an. Hier muss der klassische Eigenheimbesitzer nicht die Kosten für die Anschaffung auf einmal aufbringen, sondern in Form einer monatlichen Miete während der Laufzeit an den Vermieter entrichten. Damit ist der PV-Anlagen-Vermieter ihr Betreiber, während der Hauseigentümer oder auch die Eigentümergemeinschaft bei Mehrparteienhäusern die Nutzer sind.

Das BGB regelt in Teil 5 Miet- und Pachtverträge. Nach § 535 BGB wird der Vermieter durch den Mietvertrag verpflichtet, dem Mieter den Gebrauch der Mietsache während der Mietzeit zu gewähren. Der Vermieter hat hierzu die Mietsache dem Mieter in einem zum vertragsgemäßen Gebrauch geeigneten Zustand zu überlassen und während der Mietzeit diesen Zustand zu erhalten. Übertragen auf PV-Anlagen resultiert aus diesem Sachverhalt neben dem Erhalt des wirtschaftlichen Betriebs der Erhalt des ordnungsgemäßen Zustands im Sinne von DIN VDE 0105-100. Demnach obliegt Vermietern von PV-Anlagen die Pflicht, die PV-Anlage entsprechend den Vorgaben der Hersteller der Wechselrichter, der PV-Module etc. zu warten und im Rahmen von wiederkehrenden Prüfungen den ordnungsgemäßen Zustand zu erhalten.

Neben der mängelfreien Überlassung einer Mietsache regelt Teil 27 des BGB die „unerlaubte Handlung". Nach § 823 (1) BGB ist zum Schadenersatz verpflichtet, wer vorsätzlich oder fahrlässig das Leben, den Körper, die Gesundheit, die Freiheit, das Eigentum oder ein sonstiges Recht eines anderen widerrechtlich verletzt. Daraus ergibt sich für Betreiber elektrischer Anlagen und PV-Anlagen auch im privaten Bereich die Verkehrssicherungspflicht. Wird gegen dieses verstoßen, ergibt sich nach § 823 (2) BGB bei Verschulden die Pflicht zum Schadensersatz.

Beispiel

Als typisches Beispiel im privaten Wohnbereich resultiert daraus z.B. die Pflicht zur Schneeräumung und das Entfernen von Eiszapfen, sofern aufgrund deren Größe Personenschäden bei Herabfallen zu erwarten sind.

Hier ist der Eigentümer bzw. die Eigentümergemeinschaft in der Pflicht, mögliche Gefährdungen durch die PV-Anlage abzuwenden (z.B. Herauslösen von unzureichend befestigten PV-Modulen, von der PV-Anlage ausgehende Brände sowie elektrische Gefährdungen), woraus sich die Pflicht zum Erhalt des ordnungsgemäßen Zustands im privaten Bereich ergibt. Daraus resultiert auch der Erhalt des ordnungsgemäßen Zustands durch regelmäßige Prüfung und Wartung.
Nach § 823 (2) BGB ist ein Verstoß gegen die Verkehrssicherungspflicht auch ohne aktives Verschulden möglich. Damit schützt Unwissenheit den Betreiber nicht vor möglichen rechtlichen Konsequenzen und Haftungen. Im Umkehrschluss ist demnach grundsätzlich der Hauseigentümer bzw. die Eigentümergemeinschaft im Außenverhältnis bei Verstoß haftbar. Wird eine PV-Anlage gemietet, sollte der Hauseigentümer bzw. die Hauseigentümergemeinschaft die verschiedenen Rechte und Pflichten mit dem Vermieter der PV-Anlage mit juristischer und Unterstützung eines Sachverständigen klären.

Gewerblicher und öffentlicher Bereich

Im gewerblichen und öffentlichen Bereich hat der Betreiber die Obliegenheit, den sich aus den Arbeitgeber-Arbeitnehmer-Verhältnissen ergebenden Pflichten nachzukommen. Der Betreiber (Arbeitgeber) hat den Beschäftigten sichere Arbeitsplätze und Arbeitsmittel bereitzustellen, diese im ordnungsgemäßen Zustand zu erhalten und sichere Handhabung z.B. durch Unterweisungen organisatorisch sicherzustellen. Schutzziel ist somit der sichere Betrieb und die Vermeidung von Unfällen der Beschäftigten. Der Fokus liegt dabei auf dem Personenschutz. Nach § 5 (1) ArbSchG hat der Arbeitgeber durch Beurteilung die für die Beschäftigten

mit ihrer Arbeit verbundenen Gefährdungen zu ermitteln und die erforderlichen Maßnahmen zur Unfallverhütung festzulegen. Der Arbeitsschutz stützt sich in Deutschland auf die Betriebssicherheitsverordnung und die Arbeitsstättenverordnung sowie im autonomen Recht auf Grundlage des SGB VII und die Vorschriften der Berufsgenossenschaften.
Die Betriebssicherheitsverordnung und die Unfallverhütungsvorschriften dienen vorwiegend dem Ziel, Arbeitsmittel sicher und bestimmungsgemäß zu verwenden und Arbeitsplätze sicher zu gestalten. Hierzu hat der Arbeitgeber eine Gefährdungsbeurteilung zu erstellen und erforderliche Maßnahmen nach der Reihenfolge des TOP-Prinzips nach dem Stand der Technik festzulegen. Übertragen auf PV-Stromversorgungssysteme bedeutet dieser Umstand, dass die elektrischen Anlagen sicher betrieben werden und Laien und Unbefugte keinen Zugang zu den elektrischen Betriebsräumen, Verteilern und zum Dach haben.
Insbesondere sind deshalb neben Gefährdungen durch Gleichströme auch Gefährdungen durch Absturz von Dächern und deren Zugängen sowie Aufschaltungen von sicherheitstechnischen Anlagen (Brandmeldeanlagen etc.) sowie der organisatorische Brandschutz zu beachten.
Betreiber haben vor erstmaliger Verwendung auf Grundlage § 5 der DGUV Vorschrift 3 bzw. 4 eine Prüfung vor Inbetriebnahme zu veranlassen. Da sich diese nicht von der Erstprüfung des Errichters unterscheidet, kann die Prüfung vor erstmaliger Inbetriebnahme nach DGUV Vorschrift 3 bzw. 4 § 5 Abs. 4 auch durch die Bestätigung des Errichters der Anlage mittels der sogenannten *Errichterbescheinigung* ersetzt werden. Dadurch hat der Betreiber erst in den von ihm festgelegten Prüfintervallen die nächste wiederkehrende Prüfung zu veranlassen.

Sachschutz

In gewerblichen und öffentlichen Bereichen können sich für Betreiber aufgrund der dort vorhandenen Sachwerte Obliegenheiten aus dem Versicherungsvertrag ergeben. Der Betreiber ist mit seiner Anlage sowie den im Objekt vorhandenen Sachgütern neben seiner Rolle als Betreiber auch Versicherungsnehmer. Die Prüfung nach Versicherungsklausel SK 3602 ist eine ergänzende Prüfung zur Prüfung nach DGUV Vorschrift 3 bzw. 4. Der Unterschied zur berufsgenossenschaftlichen Prüfung besteht in der besonderen Berücksichtigung des Sach- und Brandschutzes. Das Schutzziel der Prüfung bezieht sich auf den Brandschutz. Demnach darf von der elektrischen Anlage keine Brandgefahr ausgehen. Gleichzeitig darf die elektrische Kabel- und Leitungsanlage Brände nicht fortleiten. Der Versicherungsvertrag ist zwischen Versicherer und Versicherten privatrechtlich geschlossen. Aus dem Vertrag kann der Sachversicherer dem Versicherten bzw. den versicherten Sachgegenständen u. a. je nach Art, Nutzung und dem Wert der Sachgüter wiederkehrende Prüfungen der elektrischen Anlagen aus Sicht des Sachschutzes auferlegen. Voraussetzung ist die regelkonforme Errichtung und die bestimmungsgemäße Verwendung für den sicheren Betrieb der Anlagen. Somit entbindet eine Prüfung der elektrischen Anlage nach VdS SK 3602 den Betreiber nicht von weiteren Prüfungen.

Der Sachversicherer gibt den Prüfzyklus, den Umgang und die zur Bewertung hinzuzuziehenden Kriterien an. Dabei können zusätzlich zu VDE-Normen auch die Richtlinien des VdS greifen. Die Notwendigkeit, die Prüfung durch einen anerkannten Sachverständigen durchführen zu lassen, ergibt sich privatrechtlich aus dem Versicherungsvertrag zwischen Versicherungsnehmer und Versicherer.

Prüfungen nach VdS SK 3602, entsprechend den Prüfrichtlinien nach VdS 2871, sind von anerkannten Sachverständigen nach VdS 2228 durchzuführen. Das Ergebnis der Prüfung wird im sogenannten *Befundschein* gemäß VdS 2229 dokumentiert. Der Sachverständige gibt als Ergebnis der Prüfung eine Gesamtbewertung nach VdS 2871 in den Bewertungsstufen a bis d an. Dabei bedeutet die Bewertungsstufe a, dass keine bedenklichen Mängel festgestellt wurden, und d, dass sich die Anlage in schlechtem Zustand mit umgehend zu behebenden Mängeln befindet. Die Einstufung durch den Sachverständigen kann sich hier auf die Prüffristen und u. a. auf die Höhe der Versicherungsprämien des

Betreibers auswirken. Die Prüffristen und der Umfang ergeben sich aus den vertraglichen Rechten und Pflichten zwischen Versicherer und Versicherungsnehmer.

In der Regel wird die Gewerbeimmobilie an einen Betreiber vermietet. Dieser betreibt in den Räumlichkeiten (z. B. Büros, Produktionshallen, Lager etc.) ein Gewerbe. Befindet sich auf dem Dach eine PV-Anlage, stellt sich häufig die Frage der Zuständigkeiten. Meistens betreibt der Gebäudeeigentümer die PV-Anlage auf seinem Gebäude selbst und vermietet die Räumlichkeiten. Die Prüfrichtlinie VdS 2871 fordert in Abs. 2.2, dass Photovoltaikanlagen im Rahmen der Prüfung besichtigt werden müssen; sie sind so zwingend im Prüfungsumfang zu betrachten.

2.2 Gegenstand und Bewertungskriterien

Prüfungen von Photovoltaik-Stromversorgungssystemen beziehen sich auf die Gleichspannungs- und Wechselstromseite. Ab den Gleichspannungsanschlüssen der PV-Wechselrichter beginnt die Gleichspannungsseite (**Bild 2.1**). Diese erstreckt sich über die PV-Gleichstromleitungen und über die Generatoranschlusskästen bis hin zu den PV-Strängen, die wiederum aus einer Anzahl in Reihe geschalteter bzw. parallelgeschalteter PV-Module bestehen. Die Wechselstromseite eines PV-Stromversorgungssystems erstreckt sich von den Wechselspannungsanschlüssen der PV-Wechselrichter bis zur Schutzeinrichtung des PV-Wechselstromversorgungs-

Bild 2.1 Gleichspannungsseite: Teil einer PV-Anlage von den PV-Modulen bis zu den Gleichspannungsanschlüssen des PV-Wechselrichters, vgl. DIN VDE 0100-712 Abs. 712.3.19

kabels (**Bild 2.2**). Die Wechselstromseite gemäß Definition nach DIN VDE 0100-712 liegt nach dem Zähler in der Anschlussnutzeranlage. Das Hauptstromversorgungssystem ist im Anwendungsbereich der DIN VDE 0100-712 nicht enthalten.

Bild 2.2 Wechselspannungsseite: Teil einer PV-Anlage von den Wechselspannungsanschlüssen des PV-Wechselrichters bis zum Anschluss des PV-Versorgungskabels oder der PV-Versorgungsleitung an die elektrische Anlage, vgl. DIN VDE 0100-712 Abs. 712.3.20

2.3 Eigenschaften von PV-Generatoren und Schutzmaßnahmen

2.3.1 Elektrisches Verhalten der PV-Module

Ein PV-Modul ist eine von der Bestrahlung und der Temperatur abhängige nichtlineare Gleichstromquelle. Die elektrischen Kenngrößen von PV-Modulen werden unter den Standard Test Conditions (STC) nach EN 60904-3 angegeben. Die STC sind die Bedingungen, unter denen die elektrischen Kenngrößen unter Angabe der Grenzabweichungen in den Datenblättern der Hersteller enthalten sind. Die Air-Mass-Zahl (AM) ist die Zahl der relativen Wegelänge des Lichts bezogen auf den senkrechten direkten Weg zwischen Erdoberfläche und der äußeren Atmosphärenschicht. Für Mitteleuropa wird diese Zahl mit 1,5 angegeben. Die Angabe der elektrischen Größen sind bei einer Bestrahlungsstärke G_0 = 1.000 W/m^2 und einer Zelltemperatur der PV-Module T_M = 25 °C angegeben. Die PV-Module werden je nach Strom- und Eingangsspannungsbereichen der Wechselrichter in Reihe zu einem PV-Strang oder parallel zu einem PV-Teilgeneratorfeld geschaltet. Der Kurzschlussstrom ist direkt proportional zur in die PV-Modulebene eingestrahlten Bestrahlungsstärke G (**Bild 2.3**). Der Einfluss der Temperatur auf den Kurzschlussstrom ist im Kurzschlusspunkt der U/I-Kennlinie vernachlässigbar (**Bild 2.4**). Wird ein PV-Modul bzw. ein PV-Strang kurzgeschlossen, fließt ein Kurzschlussstrom I_{SC}. Liegt die Bestrahlungsstärke G in Modulebene bei 1.000 W/m^2, fließt der Nennkurzschlussstrom des PV-Moduls bzw. des PV-Strangs. Für den Kurzschlusspunkt gilt

$$I_{SC} = \frac{G\,[\mathrm{W/m^2}]}{G_0} \cdot I_{SC,STC} \cdot N_P$$

I_{SC} Kurzschlussstrom des PV-Moduls bzw. des PV-Strangs in A
G Bestrahlstärke in PV-Modulebene in W/m^2
G_0 Bestrahlsstärke unter STC = 1.000W/m^2
$I_{SC,STC}$ Kurzschlussstrom des PV-Moduls bzw. des PV-Strangs unter STC in A
N_P Anzahl der parallelgeschalteten PV-Module bzw. PV-Stränge

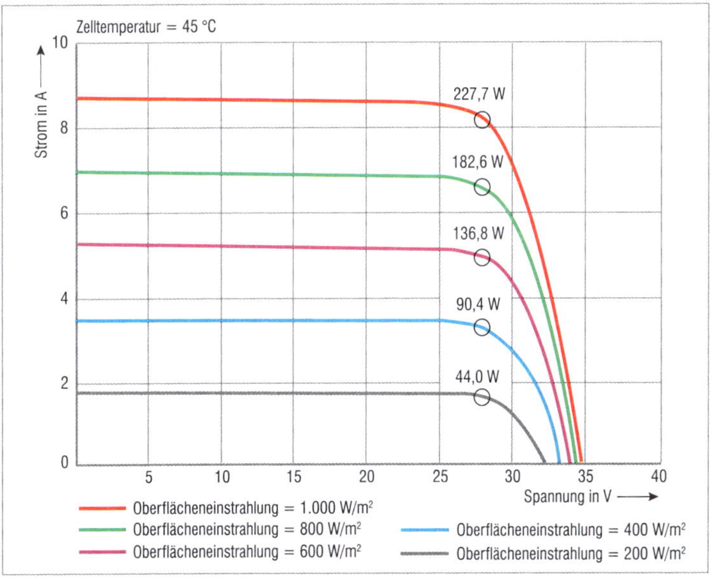

Bild 2.3 *U*/*I*-Kennlinie eines PV-Moduls / Kurzschlusspunkt in Abhängigkeit von der Bestrahlstärke

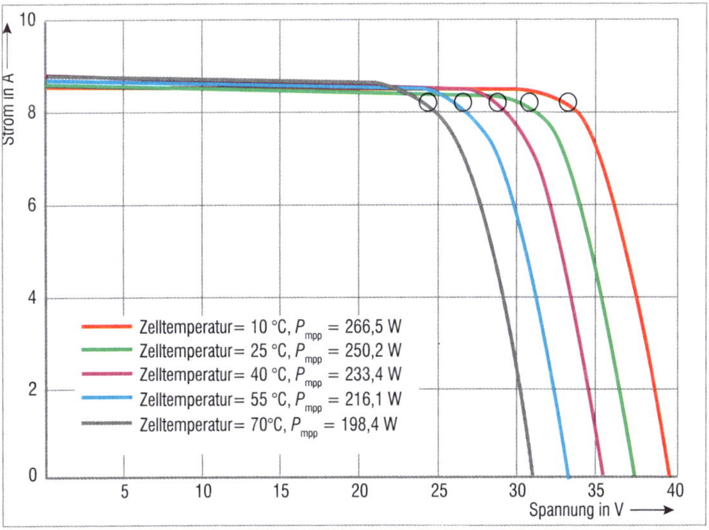

Bild 2.4 *U*/*I*-Kennlinie eines PV-Moduls in Abhängigkeit von der Modultemperatur

Die Leerlaufspannung steigt mit fallender PV-Modultemperatur. Bei niedrigen Modultemperaturen unterhalb 25 °C liegt die Leerlaufspannung über U_{OC} und oberhalb von 25 °C unterhalb von $U_{OC,STC}$. Der Einfluss der Bestrahlungsstärke auf die Leerlaufspannung ist zu vernachlässigen.
Die Charakterisierung des thermischen Verhaltens wird über den Temperaturkoeffizienten der Leerlaufspannung berechnet. Der Temperaturkoeffizient der Leerlaufspannung α_U wird in mV/K im Datenblatt angegeben.

$$U_{OC} = [1 - \alpha_U (T_{Modul} - 25\,°C)] \cdot U_{OC,STC} \cdot N_S$$

U_{OC}	Leerlaufspannung eines PV-Moduls, PV-Strang oder PV-Array in V
α_U	Temperaturkoeffizient der Leerlaufspannung in mV/K oder %/K
T_{Modul}	Modultemperatur in °C
$U_{OC,STC}$	Nennleerlaufspannung unter STC in V
N_S	Anzahl der parallelgeschalteten PV-Module bzw. PV-Stränge

2.3.2 Schutzmaßnahmen gegen elektrischen Schlag am PV-Generator

Sämtliche elektrischen Betriebsmittel des PV-Generators sind nicht abschaltbar und deshalb grundsätzlich als unter Spannung stehend anzusehen. Nach DIN VDE 0100-712 Abs. 712.410.102 sind auf der Gleichspannungsseite folgende Schutzmaßnahmen gegen elektrischen Schlag zulässig:

- doppelte oder verstärkte Isolierung bei $U_{OC\ max}$ ab 120 V (DC),
- Schutz durch Kleinspannung (SELV oder PELV) bei $U_{OC\ max}$ bis 120 V (DC),
- Schutz durch Kleinspannung (SELV oder PELV) bei $U_{OC\ max}$ bis 30 V (DC) ohne Schutz gegen direktes Berühren.

Die Anwendung der Schutzmaßnahme hängt in erster Linie von der maximalen Leerlaufspannung des PV-Strangs bzw. des PV-Teilgeneratorfelds ab. Hierzu ist im ersten Schritt die Leerlaufspannung $U_{OC\ max}$ nach DIN VDE 0100-712 Anhang B zu berechnen. Die Leerlaufspannung eines PV-Moduls bzw. eines PV-Strangs ergibt sich in direkter Abhängigkeit von der Temperatur der Zellen. Liegt die Zelltemperatur unterhalb von 25 °C (Temperatur bei STC), ist der Korrekturfaktor $K_U > 1$, wodurch die Leerlaufspannung des Strangs über der Leerlaufspannung unter STC liegt.

Sinkt die Zelltemperatur, erhöht sich demnach die Leerlaufspannung des PV-Strangs. Die abweichende Zellentemperatur von 25 °C wird durch den Korrekturfaktor K_U berücksichtigt. Die Eigenschaften des Zellmaterials werden durch den Temperaturkoeffizienten $\alpha_{U_{OC}}$ der Leerlaufspannung berücksichtigt.

$$K_U = 1 + \frac{\alpha_{U_{OC}}}{100} \cdot (T_{min} - 25\,°C)$$

K_U Korrekturfaktor, der die Temperaturabhängigkeit der Leerlaufspannung unter den gegebenen Temperaturen der PV-Anlage beschreibt

$\alpha_{U_{OC}}$ negativer Faktor in mV/°C oder %/°C, der das Temperaturverhalten der PV-Module beschreibt

T_{min} niedrigste Temperatur der PV-Anlage in °C

Die Leerlaufspannung ergibt sich aus dem Produkt des Korrekturfaktors, der Leerlaufspannung eines PV-Moduls und der Anzahl der in Reihe geschalteten PV-Module. Liegen keine Angaben zum Korrekturfaktor K_U vor, ist dieser gemäß DIN VDE 0100-712 Anhang B mit 1,2 anzunehmen. Die maximale Leerlaufspannung des PV-Strangs wird demnach wie folgt berechnet:

$U_{OC\,max} = K_U \cdot U_{OC,STC} \cdot n_{Reihe}$

Für die Ermittlung des maximalen Kurzschlussstroms eines PV-Moduls bzw. der in Reihe geschalteten PV-Module ist der Kurzschlussstrom unter STC mit dem Faktor K_I zu multiplizieren.

$I_{SC\,max} = K_I \cdot I_{SC,STC}$

Nach DIN VDE 0100-712 Anhang B.2 muss dieser mindestens 1,25 betragen. Allerdings kann der Faktor K_I bei Umgebungen mit erhöhten reflektierten Strahlungsanteilen und höheren Sonnenintensitäten auch höher liegen.

2.3.3 Auswahl der Schutzmaßnahmen nach DIN VDE 0100-712

Die Schutzmaßnahme „Schutz durch doppelte oder verstärkte Isolierung" besteht bei PV-Generatoren aus einer einzelnen Schutzvorkehrung zum Basis- und Fehlerschutz. Die zulässige maximale Leerlaufspannung des PV-Strangs darf über 120 V (DC) liegen. Die Anforderungen an die Schutzklasse 2 müssen jedoch erfüllt sein. Dieser Schutzmaßnahme müssen u. a. folgenden Komponenten der Gleichspannungsseite entsprechen:

- PV-Module,
- Steckverbinder,
- Kabel und Leitungen,
- Generatoranschlusskästen,
- Anschlussstellen an den Wechselrichtern.

Die elektrischen Eigenschaften eines PV-Moduls weisen sich dadurch aus, dass

- die Leerlaufspannung unterhalb 120 V (DC) liegt,
- ein PV-Modul eine von anderen Stromkreisen unabhängige Stromquelle darstellt,
- PV-Module, Steckvorrichtungen und Anschlussleitungen über eine Basisisolierung verfügen.

Damit erfüllen PV-Module im Sinne der DIN VDE 0100-410 die Anforderungen an die Schutzmaßnahme „Schutz durch Kleinspannung durch SELV oder PELV". Zusätzlich sind bei PV-Stromversorgungssystemen aber die Anforderungen nach DIN VDE 0100-712 zu beachten. Entsprechend kann die Anwendung der

Schutzmaßnahme „Schutz durch Kleinspannung mittels SELV oder PELV“ (wie auch nach DIN VDE 0100-410 Abs. 414 beschrieben) ausschließlich bei maximalen Leerlaufspannungen $U_{OC\ max}$ bis 120 V (DC) angewendet werden.

Bei Nennleerlaufspannungen $U_{OC\ max} > 30$ V muss für SELV- oder PELV-Stromkreise ein Schutz gegen direktes Berühren als Basisschutz vorgesehen werden. Durch die Verschaltung der PV-Module in Reihe wird die zulässige Leerlaufspannung bereits bei vier in Reihe geschalteten PV-Modulen mit einer Leerlaufspannung unter STC im Bereich von 30 V bis 40 V (monokristialline PV-Module $U_{OC} = 38{,}5$ V) überschritten. Hierzu ist zudem der Korrekturfaktor $K_U = 1{,}2$ zu berücksichtigen.

Durch Reihenschaltung der einzelnen PV-Module zu einem PV-Strang überschreitet die maximale Leerlaufspannung $U_{OC\ max}$ eines Strangs die Grenze von 120 V (DC), so dass die Schutzmaßnahme „Schutz durch Kleinspannung mittels SELV und PELV“ nicht anwendbar ist.

2.4 Durchführung und Bewertungskriterien

Photovoltaikanlagen sind wie alle neu errichteten elektrischen Anlagen einer Erstprüfung durch den Errichter zu unterziehen. Nach DIN VDE 0100-100 Abs. 134.2 sind elektrische Anlagen vor erstmaliger Inbetriebnahme, bei Änderungen oder Erweiterungen sowie in regelmäßigen Intervallen zu prüfen. Die Erstprüfung dient dem Nachweis der regelkonformen Errichtung in Übereinstimmung mit der Normenreihe DIN VDE 0100 sowie weiterer zutreffender Bewertungskriterien für die Errichtung.
Die Erstprüfung ist nach DIN VDE 0100-600 durchzuführen. Nach DIN VDE 0100-600:2017-06 wird im Nationalen Anhang NC (informativ) auf eine Auswahl von ergänzenden Prüfungen für bestimmte Anwendungsfälle hingewiesen. Netzgekoppelte Photovoltaikanlagen sind als Teil der elektrischen Anlage bei Erst- und Wiederholungsprüfungen mit zu berücksichtigen.
Die Prüfung der Gleichspannungsseite ist zusätzlich nach den Anforderungen von DIN EN 62446-1 (VDE 0126-23-1) durchzuführen. Die Anforderungen gelten sowohl für Erst- als auch Wiederholungsprüfungen und enthalten neben den ergänzenden Anforderungen an die Systemdokumentation eine Auswahl weiterer optionaler Prüfungen.
Erstprüfungen im Sinne der DIN VDE 0100-600 beinhalten als Fokus den Schutz gegen elektrischen Schlag und die Übereinstimmung mit den normativen Anforderungen nach DIN VDE 0100-410. Neben den Anforderungen nach DIN VDE 0100-600 umfassen die normativ vorgeschriebenen Mindestvorgaben an eine Erstprüfung von PV-Anlagen, bestehend aus Besichtigen, Erproben und Messen nach DIN EN 62446-1 (VDE 0126-23-1), folgende Teilprüfungen:

- Prüfung der Gleichstromseite (DIN VDE 0126-23-1),
- Prüfung der Wechselstromseite (VDE 0100-600),
- Prüfung der Anforderungen an die Systemdokumentation (DIN VDE 0126-23-1).

Zudem sind die Anforderungen bzgl. der Notwendigkeit und Auswahl der Betriebsmittel des inneren und äußeren Blitzschutzes sowie das Vorhandensein der Dokumentation entsprechend den Anforderungen von DIN VDE 0185-305-3 Beiblatt 5 und DIN VDE 0100-537 zu prüfen.

2.5 Dokumentation und Kennzeichnung

2.5.1 Aufschriften und Kennzeichnungen

Neben weiteren Kennzeichnungen und Hinweisschildern nach DIN VDE 0100-510 Abs. 514 fordert die DIN VDE 0100-712 in Abschnitt 712.514 die Anbringung eines Schilds, das auf das Vorhandensein einer PV-Anlage hinweist. Bei der Prüfung ist festzustellen, dass dieses fest und dauerhaft z. B. an folgenden geeigneten Stellen angebracht ist:

- am Speisepunkt der elektrischen Anlage in der Hauptverteilung,
- am Zählerplatz der Kundenanlage,
- am Stromkreisverteiler, an dem die PV-Wechselstromversorgungskreise angeschlossen sind.

Darüber hinaus empfiehlt es sich in Gebäuden mit Brandmeldeanlagen (z. B. Versammlungsstätten, Krankenhäuser und weitere Sonderbauten), in der Brandmeldeanlage auf das Vorhandensein eines PV-Stromversorgungssystems hinzuweisen und dort erforderlichenfalls Angaben über die Leitungswege und Abschalteinrichtungen zu hinterlegen. Hier sollte der Prüfer einen Hinweis im Prüfbericht aufnehmen.

2.5.2 Die Prüfung der Anforderungen an die Systemdokumentation

Die Systemdokumentation stellt den Mindestumfang nach DIN VDE 0126-23-1 Abs. 4 an die Dokumentation dar. PV-Stromversorgungssysteme haben aufgrund der Bauweise, der Dachmontage und der Leitungsführung der DC-Leitungen etc. sehr viele Schnittstellen zu den allgemeinen elektrischen Anlagen, dem Blitz- und Überspannungsschutz, dem baulichen Brandschutz, der Gebäudestatik und anderen gebäudetechnischen Anlagen. Darüber hinaus sind die erforderlichen Unterlagen und Prüfbescheinigungen nach VDE-AR-N 4100, VDE-AR-N 4105 sowie weitere Bescheinigungen, z. B. gemäß den Unfallverhütungsvorschriften, vorzulegen. Die folgende Aufstellung zeigt eine mögliche Auswahl:

- Errichterbescheinigung nach DGUV Vorschrift 3 und/oder eine Fachunternehmererklärung des Systementwicklers/Errichters
- grundlegende Systemdaten (Bemessungsleistung, Wechselrichterkonzept, Ausrichtung und Neigung des PV-Generators, Netzverknüpfungspunkt, Angaben zu Leistungsoptimierern, ...)
- Messprotokolle nach DIN VDE 0100-600 bzw. DIN VDE 0105-100 über die Prüfung der Wechselspannungsseite
- Messprotokolle und Prüfbericht nach DIN VDE 0126-23-1 zur Gleichspannungsseite mit Angaben zu den Prüfverfahren nach DIN VDE 0126-23-1 Abs. 6 und Abs. 7
- Konformitätsnachweise der Niederspannungs-Schaltgerätekombinationen (Verteiler) nach Niederspannungsrichtlinie 2014/35/EU mit Nachweis der Übereinstimmung der zutreffenden normativen Anforderung gemäß DIN VDE 0660-600-1/-2/-3 (Stückprüfungsprotokoll)
- Schaltungsunterlagen zur Ausführung der Wechselspannungsseite nach DIN VDE 0100-510 Abs. 514.5 und der Gleichspannungsseite nach DIN VDE 0126-23-1 Abs. 4.3. (Hinweis: Ab drei PV-Strängen ist nach DIN VDE 0126-23-1 Abs. 4.4 ein Schaltplan erforderlich.)
- Dachbelegungs- und Übersichtspläne der PV-(Teil-)Generatorfelder mit Angaben zu Brand- und Komplextrennwänden
- Angaben zur Montagekonstruktion nach DIN VDE 0126-23-1 Abs. 4.6, z. B. in Form von Verwendbarkeitsnachweisen, Bauartenzulassungen und ggf. Berechnungen
- Nachweis über die bestimmungsgemäße Ausführung der Montagearbeiten des PV-Generators (Fotodokumentation von nicht ersichtlichen Stellen, Ballastierungspläne, verwendete Befestigungsmittel, ...)
- Nachweise zur Dachstatik und äußeren Beanspruchungen (z. B. Windlastzone), sofern erforderlich
- Angaben zur Erdung des PV-Generators sowie die Nachweise über die Wirksamkeit
- Datenblätter der PV-Module, Wechselrichter, Montagekonstruktion etc., weiteres Installationsmaterial nach DIN VDE 0126-23-1 Abs. 4.5

- Montage- und Bedienungsanleitungen (Wechselrichter, Montagekonstruktion, Überspannungs-Schutzgeräte, ...)
- Angaben zum Blitz- und Überspannungsschutz (Blitzschutzklasse, Trennungsabstände, Blitzschutzzonenkonzept, innerer Blitzschutz, ...)
- Angaben zum Brandschutz des Gebäudes (Brandabschnitte, Aufschaltung auf Meldeanlagen, z. B. Brandmeldeanlage, Leitungsverlegung innerhalb des Gebäudes, etwa in notwendigen Fluren)
- Brandschutzkonzept und Auflagen, sofern erforderlich und vorhanden
- Angaben über die Vereinbarung der VDE-AR-E 2100-712 oder Teilen davon (z. B. Angaben zu Abschalteinrichtungen des PV-Generators)
- Obliegenheiten aus dem Versicherungsvertrag (Anwendung von bestimmten VdS-Richtlinien, z. B. VdS 3145, Prüfung nach VdS SK 3602, ...)
- Protokolle zur Netzanmeldung bzw. der Zustimmung des Netzbetreibers nach VDE-AR-N 4100 und VDE-AR-N 4105 (Hinweis: Bei Anlagen > 135 kWp ist ein Betriebserlaubnisverfahren und eine Anlagenzertifizierung erforderlich.)
- Inbetriebnahmeprotokolle nach VDE-AR-N 4100 und VDE AR-N 4105 durch den Netzbetreiber
- Nachweise der Erzeugungseinheiten (PV-Wechselrichter) nach DIN VDE V 0124-100
- Nachweise über den Netz- und Anlagenschutz (NA-Schutz) gemäß VDE AR-N 4105 Anhänge E.6, E.7 und Nachweis über die Erprobung

2.6 Besichtigen der Gleichspannungsseite

Das Besichtigen der Gleichstromseite umfasst die Auswahl und Anordnung der PV-Module über die Kabel- und Leitungsanlage der DC-Seite bis hin zu den Anschlussstellen des Wechselrichters. Im Vergleich zu elektrischen Anlagen für allgemeine Zwecke sind im Rahmen der Besichtigung folgende Besonderheiten zu beachten:

- Auswahl der PV-Module nach Anwendungsklassen
- Auswahl entsprechend den Betriebsbedingungen
- Eignung und Einbau der Sperrdioden
- Auswahl der Betriebsmittel hinsichtlich der äußeren Einwirkungen
- Schutzart der Betriebsmittel
- mögliche Verschmutzungen an den PV-Modulen
- Eignung und Ausführung der Montagekonstruktion
- Brandlast und Brandfortleitung

2.6.1 Auswahl der PV-Module nach Anwendungsklassen

PV-Module sind für sich genommen eigenständige Erzeugungseinheiten, die über Steckvorrichtungen zu einem PV-Strang seriell oder parallel zu einem PV-Array geschaltet werden können. Im Gegensatz zu fest angeschlossenen elektrischen Betriebsmitteln werden PV-Module über Steckverbinder (MC4-Stecker) verbunden. Werkzeug ist hierfür nicht erforderlich, so dass diese in der Praxis auch durch Dachdecker oder andere nicht elektrotechnischen Berufe bei der Montage zusammengesteckt werden.

Werden mehrere PV-Module zu einem PV-Strang in Reihe geschaltet, übersteigt die Strangspannung schnell die Grenze von 120 V, so dass die Schutzmaßnahme „Schutz durch Kleinspannung mittels SELV oder PELV“ nicht mehr anwendbar ist. Die Zulässigkeit bzgl. der Bemessungsspannungen einzelner, in Reihe geschalteter PV-Module ist hinsichtlich der Betriebsmittelauswahl und Aufbau des PV-Strangs auf der Anwendungsklasse nach DIN VDE 0123-30-1 zu entnehmen (**Tabelle 2.1**).

Anwendungsklasse A ist dabei die gängigste. PV-Module dieser Anwendungsklasse sind für den Gebrauch in Systemen mit einer

	Anwendungsklasse		
	A	B	C
zulässige Spannung des Systems	≥ 120 V (DC)	k. A.	≥ 120 V (DC)
Schutzklasse	SK 2	SK 0	SK 3
weitere Aspekte	k. A.	Einschränkung des Zugangs erforderlich	

Tabelle 2.1 Anwendungsklassen nach DIN VDE 0123-30-1 Abs. 3

Gleichspannung > 120 V geeignet. Diese entsprechen Schutzklasse 2 und sind so für die Anwendung der Schutzmaßnahme „Schutz durch doppelte oder verstärkte Isolierung“ geeignet.
Anwendungsklasse C lässt ausschließlich begrenzte Spannungen bis 120 V (DC) zu. Innerhalb dieser Anwendungsklasse wird davon ausgegangen, dass der PV-Strang die Anforderungen der Schutzklasse 3 erfüllt. Solche PV-Module kommen aufgrund der beschränkten Spannungen fast ausschließlich bei Laienanwendungen zum Einsatz, z. B. bei Komplettbausätzen mit einfachem Insel-Wechselrichter und Batterien zur autarken Versorgung von Gartenhäusern oder Caravans.
Anwendungsklasse B wird eigentlich nicht angewendet. Diese PV-Module sind ausschließlich auf abgeschlossene Bereiche beschränkt. Sie verfügen über eine Basisisolierung und über keine Beschränkung der zulässigen Systemspannung, womit die nach DIN VDE 0100-712 vorgegebenen Schutzmaßnahmen des PV-Generators nicht erfüllt sind. Zudem ist anzumerken, dass die Schutzklasse 0 in Deutschland nicht zur Anwendung kommt.

2.6.2 Auswahl entsprechend den Betriebsbedingungen

Im Rahmen der Prüfung ist festzustellen, ob bzw. dass die elektrischen Betriebsmittel (Leitungen, Stecker, Strangdioden, Anschlussklemmen) für die zu erwartenden Spannungen und Ströme geeignet sind. Im Vergleich zu Versorgungsstromkreisen in allgemeinen elektrischen Anlagen ist bei PV-Strängen von einem Dauerlastverhalten auszugehen. Das bedeutet, dass für die Auslegung der Kabel- und Leitungsanlage auf der DC- und AC-Seite davon auszugehen ist, dass diese grundsätzlich zu 100 % belastet werden, wodurch ein Gleichzeitigkeitsfaktor von $g = 1$ für die Strombelastbarkeit der Kabel- und Leitungen anzusetzen ist.
Für die Auslegung der Gleichstromseite sind die maximalen Kurzschlussströme $I_{\mathrm{SC\ max}}$ und die maximalen Leerlaufspannungen $U_{\mathrm{OC\ max}}$ gemäß der Berechnungsmethoden nach DIN VDE 0100-712 Anhang B, wie in Abschnitt 2.3.2 *Schutzmaßnahmen gegen elektrischen Schlag am PV-Generator* beschrieben, anzusetzen.

Eignung und Einbau der Sperrdioden

Sperrdioden sind ab zwei parallel geschalteten PV-Strängen erforderlich. Sie werden in Reihe mit den PV-Strängen angeschlossen. Sie vermeiden bei parallel geschalteten PV-Strängen Rückströme in elektrisch verkürzte PV-Stränge. Dies ist zum Beispiel der Fall bei Spannungsunterschieden zwischen den PV-Strängen in Folge von Temperaturunterschieden und (Teil-)Verschattungen. Zudem verhindern Sperrdioden bei Isolationsfehlern in einem Strang, dass die Isolationsfehlerstelle von den anderen parallel liegenden PV-Strängen gespeist wird. Bei Verschattungen dreht sich beim betroffene PV-Strang das Vorzeichen der Spannung um, so dass dieser als Verbraucher arbeitet. Sperrdioden müssen demnach in Sperrrichtung für die 2-fache maximale Leerlaufspannung eines PV-Strangs und des Kurzschlussstroms in Durchlassrichtung für das 1,1-fache des maximalen Kurzschlussstroms $I_{SC\ max}$ ausgelegt sein.

Sind Sperrdioden in den PV-Strängen erforderlich, ist durch Besichtigen festzustellen, dass diese

- vorhanden,
- entsprechend ihrer Sperrrichtung eingebaut sowie
- für die elektrischen Beanspruchungen passend ausgewählt sind.

Der korrekte Einbau sowie die Identifizierung von defekten Strangdioden kann zudem durch Messung der Durchgängigkeit oder einer *U*/*I*-Kennlinienmessung überprüft werden.

2.6.3 Auswahl der Betriebsmittel hinsichtlich der äußeren Einwirkungen

Betriebsmittel elektrischer Anlagen sind gemäß DIN VDE 0100-100 Abs. 132.5 entsprechend ihren zu erwartenden Umgebungsbedingungen auszuwählen und ihrer bestimmungsgemäßen Verwendung entsprechend zu installieren. So kann z. B. der Hersteller die Verwendung für Innen- oder Außenaufstellung einschränken, während die angegebene IP-Schutzart ausreichend wäre.

Auf der Gleichspannungsseite sind die elektrischen Betriebsmittel des PV-Generators permanent erhöhten Umgebungseinflüssen durch Wind, Sonneneinstrahlung und Regen ausgesetzt. Hierzu müssen PV-Module, Steckverbindungen, Anschlusskästen, Kabel und Leitungen sowie die Montagekonstruktion für diese äußeren Einflüsse geeignet sein.

Schutzart von Betriebsmitteln

Gehäuse müssen im Freien nach DIN VDE 0100-712 Abs. 712-512-102 mindestens der Schutzart IP 44 sowie mindestens der Schutzart IK07 gegen äußere mechanische Beanspruchungen entsprechen. Ein weiterer zu prüfender Aspekt betrifft die Abstände der Wechselrichter zueinander und zu anderen Hindernissen, die möglicherweise die Zirkulation der Luft zur Kühlung beinträchtigen können. Wechselrichter auf Dächern sind durch eine Überdachung und/oder durch geeignete Auswahl des Montageorts vor direkter Sonneneinstrahlung zu schützen (**Bild 2.5**). Vor direkter Sonneneinstrahlung schützt z. B. die Ausrichtung der Frontseiten nach Norden.

Bild 2.5 PV-Wechselrichter an der Gebäudeaußenseite mit Überdachung

Verschmutzung der PV-Module

Ein relevantes Thema für PV-Strangleitungen und PV-Generatoren ist die Verschmutzung. Verschmutzungen auf PV-Modulen beeinträchtigen die PV-Generatorerträge: Vogelkot, Blätter o. ä. führen zu punktuellen Verschattungen auf den PV-Modulen. Diese können anhand einer Kennlinienmessung durch Dellen in der Kennlinie leicht erkannt werden, zumal sich solche Verschmutzungen in der Regel signifikant auf den Anlagenertrag auswirken. Sind PV-Module mit einem Winkel größer als 30° angestellt, werden Verschmutzungen größtenteils durch Regen weggespült. Bei flach

aufgestellten PV-Modulen bzw. direkt auf Flachdächern montierten PV-Modulen wirkt sich der Wegwascheffekt nur wenig aus, so dass die PV-Module in regelmäßigen Intervallen gereinigt werden sollten. Insbesondere bei PV-Modulen mit Rahmen führt dieser Umstand zu Randverschmutzungen, die in hoher Menge zu Schlagschatten führen und so die Anlagenerträge erheblich reduzieren können. Anders sieht es mit diffusen Verschattungen durch Staub o. ä. aus. Besonders in der Nähe von Industrieanlagen ist mit atmosphärisch bedingten Verschmutzungen zu rechnen. Diese lagern sich auf den PV-Modulen gleichmäßig ab.
Solche diffusen Verschattungen verursachen im Vergleich zu Schlagschatten keine Dellen in der *U/I*-Kennlinie des PV-Strangs. Diese Ablagerungen setzen sich in der Regel auf alle PV-Module gleichermaßen ab, so dass diese weder durch die Anlagenerträge noch anhand von Überwachungssystemen, die die PV-Stränge einzeln überwachen, erkannt werden. Verschmutzungen an PV-Modulen sind nicht sicherheitsrelevant. Dennoch sollten im Rahmen der Prüfung auch die Art der umliegenden Industriegebäude und andere Verschmutzungsquellen berücksichtigt werden.

2.6.4 Montagekonstruktion

Im Rahmen der Prüfung ist durch Besichtigen die korrekte Montage der Betriebsmittel zu prüfen. Bei PV-Generatoren auf Dächern darf die Montagekonstruktion nicht unzulässig verändert werden. Entsprechend sind mögliche Eingriffe in die Dachstatik, Dachdichtigkeit und mögliche gegenseitige Beeinflussungen durch andere technische Anlagen zu bewerten. Hierbei sind im Rahmen der Prüfung von PV-Stromversorgungssystemen auf Dächern in Industrieanlagen, öffentlichen Gebäuden o. ä. die Öffnungsradien von RWA-Kuppeln oder Ausblasöffnungen von Ablaufanlagen explosionsgefährdeter Bereiche zu beachten. Zudem sind mögliche Wechselwirkungen und Beeinträchtigungen durch Kontaktkorrosion mit Befestigungsmitteln oder Weichmacherwanderungen zwischen Dachhaut und Auflagematten zu beachten. Liegt die Montagekonstruktion mit Montagematten auf der Dachhaut auf, sind die Kunststoffe durch geeignete Beschichtungen voneinander zu trennen (**Bild 2.6**). Des Weiteren sind Kontaktkorrosionen zwischen Metallen durch Montagemittel aus Edelstahl zu vermeiden. Grundsätzlich sollte bei größeren PV-Anlagen eine Liste der verwendeten Materialien vorliegen.

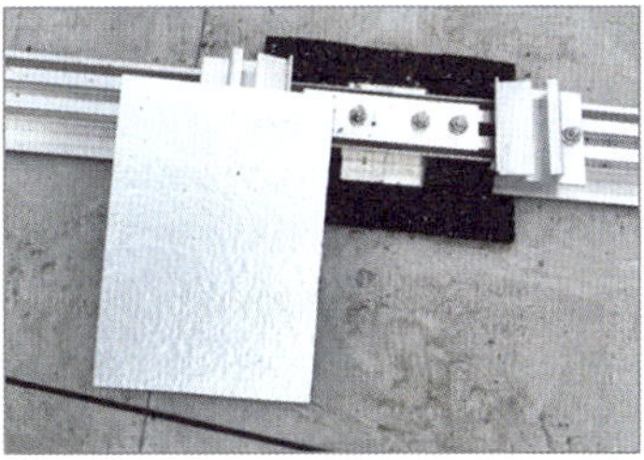

Bild 2.6 Unterlegmatte mit Alufolie zur Vermeidung von Weichmacherwanderung

Befestigung

Durch Besichtigen der Montagekonstruktion kann auch ein Prüfer mit elektrotechnischem Hintergrund die bestimmungsgemäße Verwendung der Befestigungsmaterialien augenscheinlich überprüfen. Andernfalls sollte ein Sachverständiger für Bautechnik hinzugezogen werden. Stockschrauben müssen im rechten Winkel zur Montagekonstruktion angeordnet sein. Zudem sind Schrauben und Unterlegscheiben gemäß der Montage- und Bedienungsanleitung zu verwenden. Bei schräger Anordnung (Beispiel **Bild 2.7**: nicht fachgerecht befestigte Stockschraube) kann die Anpresskraft der Schraube nicht die volle Fläche berühren, so dass die Anpresskraft der Schraube reduziert ist und sich Letztere somit lockern kann.

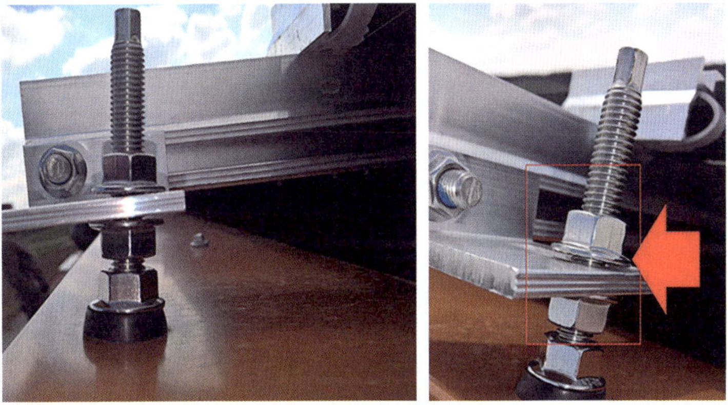

Bild 2.7 Nicht fachgerecht befestigte Stockschraube

Ballastierung

Problematisch wird die Bewertung der korrekten Befestigung bei ballastierten Montagekonstruktionen. Diese sind ausschließlich mit Steinen beschwert und sollen so bei Windlasten den PV-Generator an Ort und Stelle halten. Gerade die Schnittstelle zur Statik und der Windlastberechnung stellt Prüfer von PV-Anlagen immer wieder vor neue Herausforderungen. Hier sollte sich der Prüfer grundsätzlich eine rechtssichere Dokumentation über die Einstufung der Windlastzone und die Berechnung und Planung der erforderlichen Ballastierungen zeigen lassen. Im Prüfbericht sollte klar der Verweis auf die vorhandenen Dokumente vorliegen und die Beurteilung der Statik aus dem Prüfungsumfang bei der Prüfung nach DIN VDE 0126-23-1 ausgenommen werden. Anhand des Balllastierungsplans sollte sich der Prüfer dennoch durch Stichproben vergewissern, dass die Balllastierungssteine gemäß den Planungsunterlagen ausgewählt und in ausreichender Anzahl vorhanden sind. Da die Ballastierungssteine ohne Werkzeug entfernbar sind, sollte hier im Prüfbericht ein Hinweis auf die regelmäßige Überprüfung der Balllastierung erfolgen. Bei Erstprüfungen oder baubegleitenden Abnahmen sollte eine Fotodokumentation angefertigt werden. Bei Schadenseintritt kann so die ursprüngliche Ausführung nachgewiesen werden. In **Bild 2.8** ist ein typischer Sturmschaden abgebildet. Hier wurde aufgrund

Bild 2.8 Sturmschaden an einem PV-Generator

der Sogwirkung im Bereich der Dachkante ein PV-Teilgenerator angehoben. Die Ballastierungssteine beschädigten dann weitere PV-Module. Zum Glück blieb es nur bei einem Sachschaden.

2.6.5 Auswahl der Befestigungsmittel und Dachdichtigkeit

Bei Trapezdächern lässt sich durch einen Blick unter die Montagekonstruktion relativ einfach die korrekte Auswahl der Befestigungsmittel feststellen. Liegen die Montagekonstruktion und das Trapez nicht parallel, ist früher oder später mit unzulässig hohen Schmutzablagerungen zu rechnen. Zudem haben bei solchen Konstruktionen Dichtungsmaterialien keinen ausreichenden Anpressdruck und sind demnach unwirksam (**Bild 2.9**). Gleiches gilt bei zu fest angezogenen Schrauben.

Bild 2.9 Trapezdach mit Montagekonstruktion

2.6.6 Baulicher Brandschutz

PV-Strangleitungen auf dem Dach sowie die PV-Generatoren dürfen weder einen Brand verursachen, noch begünstigen oder auf andere Gebäudeteile fortleiten. Die Bauteile von PV-Anlagen, insbesondere der PV-Module, enthalten brennbare Stoffe, die je nach Anordnung eine Brandausbreitung auf dem Gebäude und eine Brandübertragung auf andere Gebäudeteile verursachen können. Hier darf insbesondere der Brandschutz und die Standsicherheit nicht beeinträchtigt werden. Im Rahmen der Prüfung sind hierzu zudem die zutreffenden Bauvorschriften zu beachten. Hinsichtlich der Besichtigung des PV-Generators ist zu beachten, dass

- zwischen PV-Modulen und Brandwänden ein ausreichender Abstand besteht,

- die Kabel und Leitungen nicht ungeschützt über Brandabschnitte verlegt sind und
- größere zusammenhängende PV-(Teil-)Generatoren in Teilfelder untergliedert sind.

Bei der Beurteilung der erforderlichen Abstände zu Brandwänden ist zu unterscheiden, ob die Oberkanten der PV-Module über die Brandwand hinausragen oder nicht. Ragen die PV-Module über die Brandwand hinaus, muss nach Musterbauordnung der Abstand zum PV-(Teil-)Generator mindestens 2,50 m betragen, um eine Brandausbreitung zu verhindern. PV-Generatoren auf großen Dachflächen sind in Teilgeneratorfeldern mit ausreichendem Abstand zu unterteilen. Durch die Unterteilung soll die Brandausbreitung auf großen Dächern, wie Industrieanlagen und Lagern, verhindert werden. Durch die Abstände werden Brandschneisen gezogen. Nach spätestens 40 m Seitenlänge der PV-(Teil-)Generatoren müssen diese brandlastfreien Streifen von mindestens 5 m Breite vorhanden sein. Abweichungen von den gültigen Baubestimmungen sind als Mangel aufzuführen.

Ist eine Überbrückung von Brandabschnitten durch Verlegung der Kabel und Leitungen nicht zu vermeiden, so sind diese durch geeignete Maßnahmen gegen Brandfortleitung zu schützen. Diese Kanäle müssen gemäß VdS 2234 Abs. 6.2.5 der Feuerwiderstandsklasse S90 entsprechen. Im Rahmen der Prüfung sind die erforderlichen Zulassungsbescheide und Verwendbarkeitsnachweise zu beachten.

2.6.7 Brandlast und Brandfortleitung

Die PV-Module sowie die Kabel und Leitungen der Gleichspannungsseite dürfen weder einen Brand begünstigen, noch dürfen Brände auf andere Gebäudeteile übergehen. Es ist zudem stets darauf zu achten, dass bestehende Schutzfunktionen und deren Nutzen hinsichtlich des baulichen Brandschutzes und der Standsicherheit nicht beeinträchtigt werden. Im Rahmen der Prüfung sind demnach folgende Aspekte zu berücksichtigen:

- Anordnung der PV-(Teil-)Generatoren auf dem Dach und Abstände zu Brand- und Komplextrennwänden gemäß den Bauordnungen der Länder,
- Leitungsführung über und durch Brand- und Komplextrennwände mit geeigneten Kabelmontagesystemen und
- mögliche Beeinträchtigungen anderer Anlagen und Funktionen.

Hierzu ist im Rahmen der Prüfung das Brandschutzkonzept, sofern erforderlich, zu sichten und die Umsetzung der festgelegten Maßnahmen zu überprüfen. Hierbei sind zudem mögliche Schnittstellen zu anderen Prüfungen, z. B. die der Brandmeldeanlage und der Abschalteinrichtung für die Feuerwehr, zu beachten.

PV-Strangkabel sind ab der Stromquelle nicht zwingend mit einer Schutzeinrichtung zum Schutz vor Kurzschluss nach DIN VDE 0100-430 zu versehen. Nach DIN VDE 0100-520 521.11 sind demnach Kabel und Leitungen erd- und kurzschlusssicher zu verlegen. Auf Dächern wird dies erreicht durch

- Verlegung einadriger Kabel mit einem nichtmetallischen Mantel oder
- isolierte einadrige Leitungen, die in einzeln isolierten Installationsrohren oder geschlossenen Kabelkanälen verlegt sind.

In **Bild 2.10** ist ein offener Kabelkanal dargestellt. **Bild 2.11** zeigt die provisorische und unzureichende Befestigung der PV-Strangleitungen an einer Montagekonstruktion.

Bild 2.10 Offene Kabelkanäle auf der DC-Seite

Die direkte Verlegung auf dem Dach ist sowohl aus Sicht der erd- und kurzschlusssicheren Verlegung als auch des Schutzes vor äußeren Einflüssen (Wind, mechanische Beanspruchungen und Nagetierfraß) unzulässig. Im Rahmen der Prüfung sind durch Besichtigen der DC-Seite folgende Aspekte zu beachten:

- DC-Leitungen dürfen nicht direkt auf dem Dach verlegt werden und müssen ausreichend befestigt sein (**Bild 2.12**),
- das Installationsmaterial, insbesondere Installationsrohre und Befestigungsmittel, sowie Gehäuse und Verteiler müssen UV-beständig sein (**Bild 2.13**),

Bild 2.11 Unzureichende Befestigung der DC-Leitungen mit Kabelbindern und fehlende Befestigung der Halterung am Trapezdach

Bild 2.12 Unzureichend befestigte DC-Leitung, aufliegend im Schutzrohr auf der Dachhaut

Bild 2.13 Installationsrohr nicht UV-beständig

- Brandabschnitte dürfen nur in einem geschlossenen metallenen Kanal überquert werden,
- auf langen Dächern muss zwischen den PV-Teilgeneratorfeldern ausreichend großer Abstand bestehen, um eine Brandfortleitung zu verhindern (sogenannte *virtuelle Brandwände*, **Bild 2.14**).

Bild 2.14 Ungeschützte Leitungsverlegung über eine Brandwand

2.6.8 Bauwerksdurchdringungen und Kabelführung im Gebäude

Kabel und Leitungen der Gleichspannungs- oder Wechselspannungsseite werden von außen in das Gebäude eingeführt. In der Regel erfolgt das Einführen der Gleichstromkabel von Flachdächern über hierfür vorgesehene Einführungssysteme, sogenannte *Schwanenhälse*. Je nach Standort der PV-Wechselrichter können auch die Gleichstromleitungen an der Gebäudeaußenwand oder über eine Dacheinführung nach unten zur Hauptverteilung geführt sein. Bei der Durchführung von Gleichspannungsleitungen durch das Gebäude sind hierzu die Anforderungen aus dem Brandschutzkonzept, sofern vorhanden, und die Anwendung der VDE-AR-E 2100-712 zu beachten. Idealerweise sind die PV-Wechselrichter auf dem Dach installiert, so dass der Aspekt nicht weiter zu betrachten ist. Hierzu ist vom Prüfer u.a. in Erfahrung zu bringen, ob besondere Anforderungen an DC-Trenneinrichtungen und die Verlegung der Kabel und Leitungen innerhalb des Gebäudes bestehen. Dies ist ggf. als Bewertungskriterium hinzuzuziehen.

Innerhalb eines Gebäudes darf die Kabel- und Leitungsanlage weder einen Brand begünstigen, noch den Brand in andere Gebäudeabschnitte fortleiten. Hierfür sind die Wand und Deckendurchbrüche für Kabel und Leitungen brandschutzgerecht zu verschließen. „Brandschutzgerecht verschlossen“ gilt, wenn die Kabel- und Leitungsdurchführungen durch Wände und Decken so verschlossen sind, dass die erforderliche Feuerwiderstandsdauer nicht beeinträchtigt ist. Leitungen, die durch Abschottungen geführt werden, müssen demnach mindestens die gleiche Feuerwiderstandsdauer wie die raumabschließenden Teile aufweisen. Innerhalb von Installationsschächten oder Kanälen geführte Leitungen müssen an den Öffnungen mindestens die gleiche Feuerwiderstandsfähigkeit wie die raumabschließenden Teile aufweisen und aus nichtbrennbaren Baustoffen bestehen. Erleichterungen hinsichtlich der Anforderungen nach MLAR A-I 4.1 sind ausschließlich für einzelne Leitungen zulässig.

Die verwendeten Kabelschottungen müssen entsprechend der Prüfung nach DIN 4102-9 mit den Feuerwiderstandsklassen S30 bis S180 klassifiziert sein; sie benötigen eine Zulassung vom Deutschen Institut für Bautechnik (DIBt). Die Kabelschottungen sind unter Berücksichtigung des Brandschutzkonzepts, der Einteilung der Brandabschnitte sowie unter Berücksichtigung der zutreffenden Verordnungen der Bundesländer und der Leitungsanlagenrichtlinie zu besichtigen.

Bei Besichtigung der Brandschottungen ist festzustellen, dass

- die Brandschottungen von beiden Seiten verschlossen sind,
- die Brandschottungen mit einer Brandschutzkennzeichnung versehen sind, die das Brandschott innerhalb des Gebäudes eindeutig unter Angabe der Feuerwiderstandsklasse bezeichnet,
- das Brandschott augenscheinlich entsprechend dem Verwendbarkeitsnachweis unter Beachtung des Mindestabstands zu anderen Durchführungen errichtet ist,
- der Abstand zu anderen Durchführungen eingehalten ist. Liegt kein Verwendbarkeitsbachweis vor, ist ein Abstand zu anderen Durchführungen (z. B. Rohrdurchführungen) nach MLAR A-I 4.1.3 von mindestens 50 mm einzuhalten, und
- das Schott nach nachträglicher Verlegung von Kabeln und Leitungen wieder verschlossen wurde.

Im Rahmen von Erst- und Wiederholungsprüfungen ist festzustellen, ob die Durchführungen von Kabeln und Leitungen in Teilen der Gebäudekonstruktion entsprechend der erforderlichen Feuerwiderstandsdauer verschlossen sind. Hierzu ist durch Besichtigen festzustellen, dass Kabel- und Leitungsdurchführung durch Wände, Decken, Fußböden, Zwischenwände und Hohlwände mit einer geeigneten Brandschottung versehen sind. Typischerweise gerät insbesondere bei Photovoltaikanlagen in gewerblichen und kommunalen Objekten dieser Aspekt aufgrund der vielen Schnittstellen zu anderen Gewerken und mangels Abstimmung zwischen Planern, Errichtern und Betreiber gern in Vergessenheit (**Bild 2.15**).

Die Bauwerksdurchdringungen sind nach DIN 18012 (z.B. durch Kernbohrungen, den Einbau von Futterrohren, durch Schalungen hergestellte Aussparungen) so auszuführen, dass die dauerhafte Funktions- und Betriebsfähigkeit der Bauwerksabdichtung und der Kabel/Rohre sowie der Standsicherheit und Gebrauchstauglichkeit des Gebäudes nicht beeinträchtigt wird.

Im Gegensatz zu Brandschotten haben Bauwerksdurchdringungen den Zweck, die Dichtigkeit des Bauwerks zu erhalten und Wärmebrücken zu vermeiden. Die Bauwerksdurchdringung muss gasdicht und gegebenenfalls wasserdicht ausgeführt bzw. abgedichtet werden. Hierzu ist durch Besichtigen festzustellen, ob bzw. dass die Bauwerksdurchdringungen entsprechend den Herstellervorgaben ausgeführt sind (**Bild 2.16**).

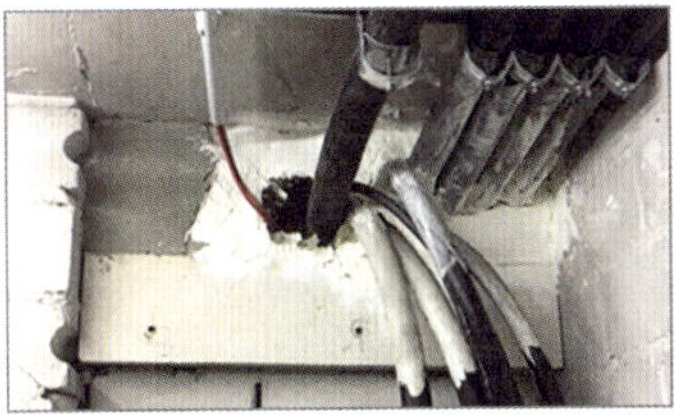

Bild 2.15 Das Beispiel zeigt eine Leitungsdurchführung eines elektrischen Betriebsraums. Auf dem Bild ist zu erkennen, dass das Brandschott zur nachträglichen Kabelverlegung geöffnet wurde.

Bild 2.16 Nicht verschlossene Bauwerksdurchdringung einer Photovoltaik-Wechselversorgungsleitung zum Außenbereich

2.7 Messungen an der Gleichspannungsseite

Auf der Gleichspannungsseite sind spannungsführende Teile vorhanden, die vor der Prüfung nicht freigeschaltet werden können. Die Anschlussstellen des PV-Generators sowie die gesamte Gleichspannungsseite stehen deshalb auch bei abgeschalteten Wechselrichtern unter Spannung! Der PV-Generator treibt abhängig von der Sonneneinstrahlung einen Gleichstrom. Das Trennen der Steckverbindungen des PV-Generators/Teilgenerators darf nur im stromlosen Zustand erfolgen, da hier die Gefahr eines Lichtbogens hoch ist. Stecker dürfen deshalb nie bei hoher Sonneneinstrahlung getrennt werden.

Die Messgeräte müssen die Anforderungen der Normenreihe DIN EN 61557 (VDE 0413) erfüllen. Betriebsmessabweichungen sind bei der Beurteilung des Messergebnisses zu berücksichtigen.

Wenn eine Kurzschlusseinrichtung für die Prüfung eingesetzt wird, sollten die PV-Generatorkabel sicher in der Kurzschlussvorrichtung angeschlossen werden, bevor der Kurzschlussschalter betätigt wird. Die Kurzschlusseinrichtung muss in der Lage sein, den Kurzschlussstrom zu führen und sicher zu trennen.

Die DIN VDE 0126-23-1 ist unterteilt in „erforderliche" und „optionale" Prüfungen. „Erforderliche Prüfungen" bezeichnet die DIN VDE 0126-23-1 als Prüfungen der Kategorie 1, „optionale Prüfungen" als Prüfungen der Kategorie 2. Damit besteht im Vergleich zur den Prüfnormen DIN VDE 0100-600 und DIN VDE 0105-100 Unklarheit hinsichtlich des erforderlichen Prüfungsumfangs, wodurch es immer wieder zu Meinungsverschiedenheiten zwischen Errichtern, Planern und Betreibern kommt. Fakt ist, dass *Prüfungen der Kategorie 1* dem Nachweis der bestimmungsgemäßen Installation, der korrekten Verschaltung und dem Nachweis über die Wirksamkeit der Schutzmaßnahmen dienen. Neben dem Besichtigen sind bei Kategorie 1 Prüfungen gemäß **Tabelle 2.2** durchzuführen.

Prüfungen der Kategorie 2 sowie optionale Prüfungen werden ergänzend durchgeführt. Prüfungen der Kategorie 2 lassen Aussagen über die Art und Qualität der PV-Stränge hinsichtlich ihrer funktionalen Eigenschaften zu. Zusätzliche Prüfungen werden zusammen mit den Infrarotprüfungen und *U*/*I*-Kennlinienmessungen optional zur Fehlersuche und/oder Bewertung der Anlagenerträge angewendet.

<table>
<tr><th>Kategorie 1 (Mindestanforderungen)</th><th>Kategorie 2 (optionale Prüfungen zu Kategorie 1)</th></tr>
<tr><td rowspan="3">– Durchgangsprüfung der Erdungs- und/oder Potentialausgleichsleiter, sofern vorhanden
– Polaritätsprüfung
– Prüfung von Generatoranschlusskästen
– Prüfung der Leerlaufspannung des Strangs
– Strompürfung des Strangkreises (Kurzschluss- oder Betriebsstrom)
– Funktionsprüfungen
– Isolationswiderstand der Gleichstromkreise</td><td>– U/I-Kennlinienprüfung
– Infrarotprüfung</td></tr>
<tr><td>zusätzliche Prüfungen (optional)</td></tr>
<tr><td>– Spannung gegen Erde – bei Systemen mit Widerstandserdung
– Prüfung von Sperrdioden
– Isolationswiderstand im Nasszustand
– Bewertung der Schattenverhältnisse</td></tr>
</table>

Tabelle 2.2 Übersicht der Mindestanforderungen und optionalen Messungen nach DIN VDE 0126-23-1

2.7.1 Durchgängigkeit des Schutzleitersystems

Zur Messung der Durchgängigkeit der Schutzleiter ist ein Messgerät nach DIN EN IEC 61557-4 (VDE 0413-4):2022-12 zu verwenden. Der Prüfstrom zum Nachweis der Schutzmaßnahme darf nach DIN VDE 0413 Abs. 4.2 im minimalen Messbereich einen Wert von 0,2 A nicht unterschreiten. Die Betriebsmessunsicherheit liegt bei einer Messung bei 30 % und ist bei der Bewertung zu berücksichtigen. Zu prüfen sind

- der Anschluss an der Haupterdungsklemme,
- die Durchgängigkeit des Array-Rahmens,
- die Durchgängigkeit der Montagekonstruktion zum Funktionspotentialausgleich und
- die Anschlussklemmen in Niederspannungs-Schaltgerätekombinationen und Schutzleiteranschlussstellen.

Da es keine vorgegebenen Grenzwerte gibt, sind die spezifischen Leiterwiderstände der Schutzleiterverbindungen nach DIN VDE 0100-600 Tabelle A.1 nach

- dem Leitermaterial,
- dem Leiterquerschnitt,
- den Leitungslängen und
- der möglichen Leitertemperatur im Fehlerfall zu bewerten.

2.7.2 Messung der Leerlaufspannungen

Mit der Messung der Leerlaufspannungen ist die korrekte Verschaltung der PV-Stränge nachzuweisen (**Bild 2.17**). Die Messwerte sind untereinander zu vergleichen. Höhere Abweichungen deuten auf fehlerhafte Betriebsmittel im Strang oder auf falsche Strangverkabelungen oder elektrische Verkürzungen des Strangs hin. Die Polaritäts- und Spannungsprüfung sollte als Erstes durchgeführt werden, da bei fehlerhafter Verkabelung bei Isolationsmessungen die Bypass-Dioden der PV-Module beschädigt werden können. Die Messwerte sind mit den Datenblattangaben der PV-Module, multipliziert mit der Anzahl der PV-Module in einem PV-Strang, zu vergleichen. Neben den Leerlaufspannungen sind die Temperaturen zu beachten. Erstreckt sich eine Prüfung, z. B. bei großen Anlagen, über mehrere Tage und unterschiedliche Bestrahlungs- und Temperaturbedingungen, sind die Modultemperaturen bei der Interpretation der Leerlaufspannungen zu berücksichtigen. Die gemessenen Spannungen können um den Einfluss der Modultemperaturen anhand des Temperaturkoeffizienten der Spannung bereinigt werden.

Hierzu ist in der Formel für K_U (siehe Abschnitt 2.3.2 *Schutzmaßnahmen gegen elektrischen Schlag am PV-Generato*r) die gemessene Modultemperatur einzusetzen. Der Vergleich erfolgt damit über die temperaturbereinigten Leerlaufspannungen nach folgender Formel:

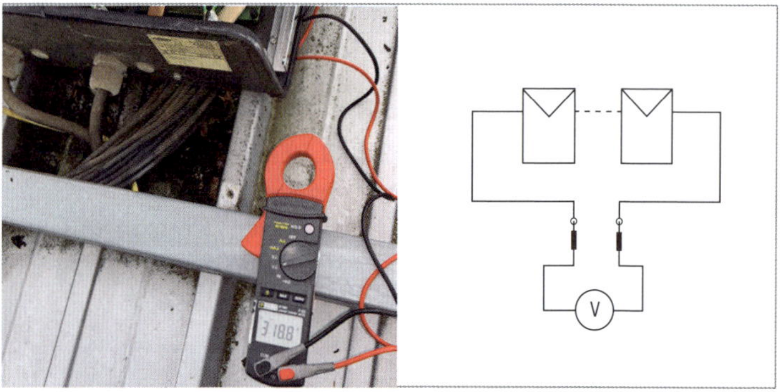

Bild 2.17 Spannungsmessung der PV-Strangspannung an einem Anschlusskasten

$$U_{OC,STC} \cdot N_S = \frac{U_{OC,\,Mess}}{[1 + \frac{\alpha_{U_{OC}}}{100} \cdot (T_{Modul,\,Mess} - 25°C)]}$$

Alternativ kann die Messung an mehreren PV-Strängen gleichzeitig erfolgen.

2.7.3 Messung des Kurzschlussstroms

Die Messung des Kurzschlussstroms (**Bild 2.18**) dient wie die Leerlaufspannungsmessung dem Nachweis der korrekten Verschaltung der einzelnen PV-Stränge. Der Kurzschlussstrom eines PV-Strangs ist gemäß Abschnitt 2.3.1 proportional zur Bestrahlstärke. Idealerweise herrschen bei der Messung gleichbleibende Einstrahlungsbedingungen, so dass die Kurzschlussströme demzufolge im gleichen Bereich liegen. Alternativ darf auch der Betriebsstrom gemessen werden (**Bild 2.19**). Die DIN VDE 0126-23-1 lässt Abweichungen von bis zu 5 % der Kurzschlussströme zu. Allerdings sind hierfür auch ausreichend hohe Bestrahlstärken erforderlich, da sonst aufgrund des Schwachlichtverhaltens und Messgerätetoleranzen der Messfehler durchaus höher sein kann. Bei instabilen Einstrahlungsbedingungen ist somit die Messung zu einem späteren Zeitpunkt zu wiederholen bzw. nachzuholen.

Alternativ dürfen bei instabilen aber ausreichend hohen Einstrahlungsbedingungen mehrere Strommessgeräte gleichzeitig verwendet werden.

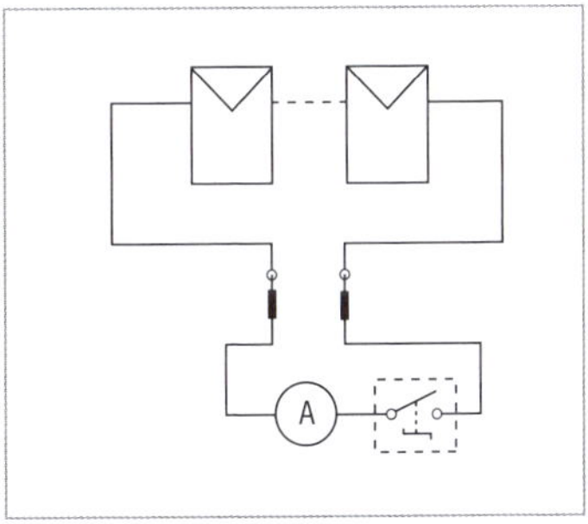

Bild 2.18 Kurzschlussstrommessung mit DC-Trenneinrichtung

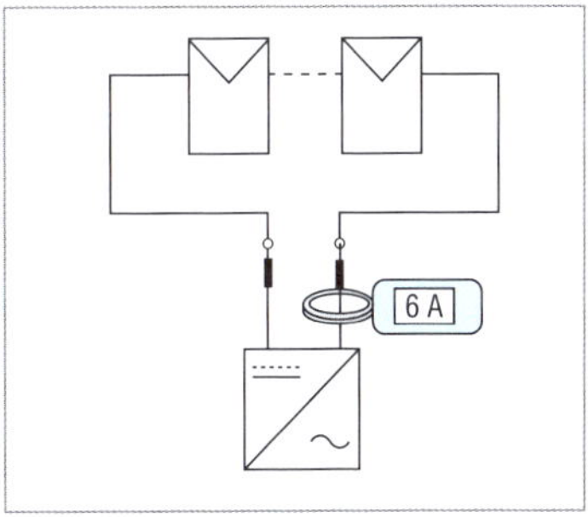

Bild 2.19 Betriebsstrommessung mit Stromzange

Hierzu ist ein PV-Strang, der nachweislich korrekt verschaltet ist (sodass Defekte an den Betriebsmitteln ausgeschlossen werden können), als Referenz bei der Messung der anderen PV-Stränge hinzuzuziehen. Die Messwerte der einzelnen PV-Stränge sind dann einzeln mit dem Referenzstrang zu vergleichen.
Eine weitere Möglichkeit, eine Bewertung bei instabilen Einstrahlungsbedingungen vorzunehmen, ist die zeitgleiche Erfassung der Bestrahlstärke in Modulebene und des Kurzschlussstroms. Über die Beziehung des Kurzschlussstroms aus Abschnitt 2.3.1 kann hierzu folgende Beziehung abgeleitet werden:

$$I_{SC,STC} \cdot N_P = \frac{I_{SC,Mess} \cdot G_0}{G_{Mess}}$$

Beispiel

Nehmen wir an, es sind die Kurzschlussströme bei instabilen Einstrahlungsbedingungen von zwei PV-Strängen zu messen. Der Kurzschlussstrom I_{sc} wird laut Datenblatt des Herstellers mit 8,7 A angegeben. Bei Strang 1 wird ein Kurzschlussstrom von 3 A bei leicht bewölkten Witterungsverhältnissen gemessen. Zum Zeitpunkt der Messung an Strang 2 verziehen sich die Wolken und der gemessene Kurzschlussstrom beträgt 7,4 A. Ohne Erfassung der Bestrahlstärke in Modulebene können die Messwerte nicht miteinander verglichen werden. Nun werden zeitgleich zur Kurzschlussstrommessung die Bestrahlstärken in Modulebene erfasst. Bei Strang 1 beträgt die Bestrahlstärke 354 W/m², bei Strang 2 sind es 845 W/m². Über die oben angegebene Beziehung können die Kurzschlussströme bestrahlungsbereinigt miteinander verglichen werden.

Strang 1:

$$\frac{3\ \text{A} \cdot 1.000\ \text{W/m}^2}{345\ \text{W/m}^2}$$

Strang 2:

$$\frac{7{,}4\ \text{A} \cdot 1.000\ \text{W/m}^2}{845\ \text{W/m}^2}$$

Das Beispiel zeigt, dass die bestrahlungsbereinigten Kurzschlussströme nahezu dem Kurzschlussstrom unter STC entsprechen. Allerdings sind neben der Betriebsmessabweichung der Strommessung auch die Messabweichungen des Einstrahlungssensors zu berücksichtigen.

2.7.4 Alternative zur Leerlauf- und Kurzschlussmessung

Betriebsstrommessung

Die Kurzschlussstrommessung an PV-Strängen birgt grundsätzlich ein Risiko durch Gleichfehlerlichtbögen beim Trennen der Stränge. Hier sind entsprechende DC-Trennschalter im Messequipment erforderlich. Die DIN VDE 0126-23-1 lässt alternativ zur Kurzschlussstrommessung auch die Messung der Betriebsströme zu. Der Betriebsstrom, auch *MPP-Strom* genannt, weicht bei nicht fehlerbehafteten PV-Strängen in der Regel nicht mehr als – 5 % vom Kurzschlussstrom ab. Die Betriebsströme sind miteinander zu vergleichen. Fällt die *U/I*-Kennlinie im Kurzschlusspunkt steil ab, deutet dies auf einen reduzierten Parallelwiderstand im PV-Strang hin. In der Praxis handelt es sich dabei um Isolationsfehler oder parallele Isolationsfehler innerhalb in den PV-Zellen. Über die gemessenen Betriebsströme und Vergleich der PV-Stränge können so ohne aufwändige *U/I*-Kennlinienmessungen die PV-Stränge auch hinsichtlich der funktionalen Eigenschaft verglichen werden.

Kennlinienmessung

Die Messung der Leerlaufspannungen und Kurzschlussströme kann auch durch Messung der *U/I*-Kennlinie ersetzt werden. Die Messung bietet zum einen den Vorteil, dass die PV-Stränge nicht manuell kurzgeschlossen werden müssen, was das Risiko eines Lichtbogens beim Trennen der Verbindungen nach der Messung reduziert. Zum anderen können Fehler (defekte Bypass-Dioden, Verschattungen etc.) gleichzeitig anhand der Kennlinie erkannt werden. Dellen in der Kennlinie oder ein starkes Abflachen im Leerlauf- und Kurzschlusspunkt der Kennlinien können mit den unterschiedlichen Fehlerbildern in der Interpretationshilfe zum

Kennlinienverlauf im informativen Anhang der DIN VDE 0126-23-1 verglichen werden. Wird die Kennlinie ohne Erfassung der Bestrahlstärke aufgezeichnet, sind ausschließlich qualitative Aussagen möglich. Mit Erfassung der Bestrahlstärke kann über das Messgerät die nominelle Leitung des PV-Strangs bzw. eines PV-Moduls ermittelt werden.

Gegenüber der einfachen Strom- und Spannungsmessung können folgende Fehler erkannt werden:

- Schäden an einzelnen Zellen und PV-Modulen
- kurzgeschlossene Bypass-Dioden
- Verschattungen
- Abweichungen der Strom- und Spannungstoleranzen der PV-Module
- erhöhte Reihenwiderstände
- Nebenschlusswiderstände in den PV-Modulen/Zellen

Wird zudem die Bestrahlstärke und die Modultemperatur parallel über eine Referenzzelle erfasst, kann bei Bestrahlstärken über 400 W/m^2 die Nennleistung der PV-Module bestimmt werden.

2.7.5 Isolationswiderstand des PV-Generators

Auf der Gleichspannungsseite ist der Isolationswiderstand zu messen. Bei der Einstellung der Messwerte sind die sogenannten *Systemspannungen* zu beachten. Damit führt die DIN VDE 0126-23-1 einen weiteren Kennwert ein. Die Systemspannung ergibt sich aus der Summe der Leerlaufspannungen multipliziert mit dem Faktor 1,25.

Zur Erinnerung: Die maximale Leerlaufspannung eines Strangs wird nach DIN VDE 0100-712 Anhang B mit einem Faktor K_U von 1,2 beaufschlagt, sofern nichts anderes angegeben ist. Dass die DIN VDE 0100-712 und die DIN VDE 0126-23-1 hier unterschiedliche Bezeichnungen und Sicherheitsfaktoren verwenden, ist vermutlich auf parallele internationale Normungsverfahren zurückzuführen. Grundsätzlich ist bei der Einstellung der Prüfgleichspannung darauf zu achten, dass diese mindestens so groß wie die maximal vorkommende Spannung in einem Stromkreis ist. Hierfür sind die nach DIN VDE 0100-600 Tabelle 41.1 vorgegebenen Prüfgleichspannungen einzustellen. Häufig wird bei Anwendung der DIN VDE 0100-Reihe vergessen, dass der Anwendungsbereich neben Wechselspannungen bis 1 kV auch Gleichspannungssysteme bis 1,5 kV umfasst.

Für PV-Stromversorgungssysteme gelten bei Anwendung der DIN VDE 0126-23-1 die Grenzwerte aus Tabelle 4. Bei genauem Hinsehen fällt auf, dass sich die Stufen der einzustellenden Spannungen nicht von den Grenzwerten aus der DIN VDE 0100-600 Tabelle 41.1 unterscheiden. Lediglich ist die Bezeichnung „Nennspannung des Stromkreises" in der DIN VDE 0126-23-1 durch die Bezeichnung „Systemspannung" ersetzt (siehe **Tabelle 2.3**). Die Grenzwerte unterscheiden sich nicht.

Herrschen am Aufstellort der PV-Module niedrigere Temperaturen, ist die maximale Leerlaufspannung wie in Abschnitt 2.7.2 beschrieben höher. In diesen seltenen Fällen sind die Prüfgleichspannungen nach der maximalen Leerlaufspannung einzustellen.

Für die Prüfung des Isolationswiderstands auf der Gleichspannungsseite definiert die DIN VDE 0126-23-1 nach Abschnitt 6.7.2 zwei Prüfverfahren.

Beim *Prüfverfahren 1* werden bei offenem PV-Strang zwei Messungen jeweils mit positiver Elektrode und negativer Elektrode gegen Erde durchgeführt (**Bild 2.20**).

Beim *Prüfverfahren 2* erfolgt eine Messung des kurzgeschlossenen PV-Strangs gegen Erde (**Bild 2.21**). Für das Kurzschließen des PV-Strangs ist wie bei der Messung des Kurzschlussstroms eine geeignete Kurzschlussvorrichtung zu verwenden.

Bei der Messung gegen Erde ist zwischen PV-Generatoren mit elektrisch leitfähigen Rahmen, die elektrisch mit Erde verbunden sind, und isoliert aufgebauten PV-Generatoren zu unterscheiden.

Systemspannung in V nach DIN VDE 0126-23-1 V_{oc}(STC) · 1,25	$U_{Prüf}$ in V DC	R_{iso} in MΩ	Nennspannung des Stromkreises DIN VDE 0100-600
<120	250	0,5	SELV und PELV
>120 bis 500	500	1,0	≤ 500 V und FELV
>500 bis 1.000	1.000	1,0	> 500 V
>1.000	1.500	1,0	k.A.

Tabelle 2.3 Gegenüberstellung der Isolationswiderstände aus DIN VDE 0100-600 und DIN VDE 0126-23-1

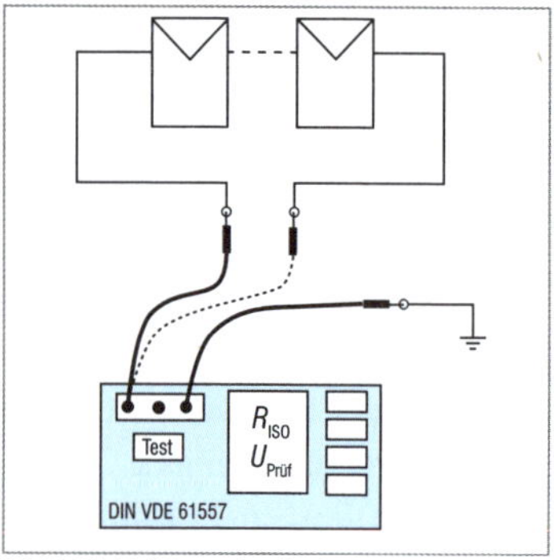

Bild 2.20 Prüfung des Isolationswiderstands / Messverfahren 1 nach DIN VDE 0126-23-1 Abs. 6.7.2

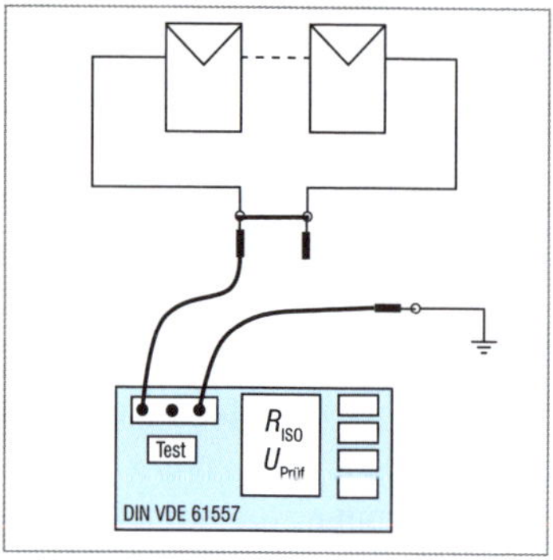

Bild 2.21 Prüfung des Isolationswiderstands / Messverfahren 2 nach DIN VDE 0126-23-1 Abs. 6.7

Bei Ersterem ist die Messung gegen den Rahmen durchzuführen. Im zweiten Fall muss das Erdpotential auf der Haupterdungsschiene abgegriffen werden.

PV-Generatoren über 10 kW dürfen für die Messung zusammengefasst werden, sofern die Grenzwerte nicht unterschritten werden. Zusätzlich kann die Isolationsmessung im Nasszustand zur Identifizierung von feuchtigkeitsbedingten Leckagen auf der DC-Seite genutzt werden.

2.8 Fehlerbilder

Zu niedrige Leerlaufspannungen, Kurzschlussströme und Abweichungen im Verlauf der *U/I*-Kennlinien (**Bild 2.22**) können auf verschiedene array-bedingte, einstellungsbedingte oder messbedingte Fehler zurückgeführt werden. Hierzu sind in der DIN VDE 0126-23-1 im informativen Anhang D verschiedene Fehlerbilder gelistet (vgl. **Tabelle 2.4**).

Messung des Isolationswiderstands im Nasszustand

Optional kann die Messung der Isolationswiderstände zusätzlich im Nassbereich durchgeführt werden. Die PV-Wechselrichter überwachen den Isolationswiderstand der DC-Seite. Hierzu sind

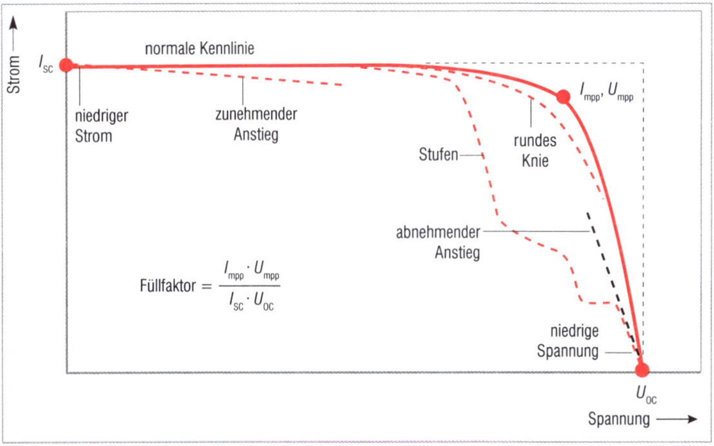

Bild 2.22 *I/U*-Kennlinie

	Abweichung	1	2	3	4	5	6
array-bedingte Ursachen	teilweise Abschattung PV-Modul, PV-Array (z. B. Fangstange)	X					
	Streifenschatten (Module im Hochformat)		X				
	teilweise Verschmutzung oder anderweitig bedeckt (Schnee usw.)	X					
	erhebliche und gleichmäßige Abschattung aller Zellen			X			
	Schrägschatten						X
	gleichmäßige Verschmutzung		X				
	Schmutzstreifen (Module im Hochformat)		X				
	kegelförmige Verschmutzung						X
	PV-Zelle/PV-Modul beschädigt	X					
	Bypass-Diode kurzgeschlossen oder leitende Verbindung	X		X			
	Minderleistung der PV-Zellen/PV-Modul		X				
	potentialinduzierte Degradation (PID)			X			
	falsche Anzahl PV-Module im PV-Strang			X			
	Rundung des Knies der *I/U*-Kennlinie kann auf einen Alterungsprozess hindeuten. Der waagrechte und senkrechte Anstieg ist dabei zu überprüfen.				X		
	Verkabelung fehlerhaft oder unterdimensioniert, erhöhte Übergangswiderstände durch unsachgemäße Pressverbindungen					X	
	erhöhter PV-Modulreihenwiderstand					X	
	Nebenschlusspfade in PV-Zellen durch punktuelle Fehler innerhalb der Zelle						X
	Abweichung des Kurzschlussstroms des Moduls						X

Tabelle 2.4 Mögliche erkennbare Fehlerursachen aus der Kennlinienmessung (Teil 1/2)

	Abweichung	1	2	3	4	5	6
einstel-lungs-bedingte Ursachen	fehlerhafte Eingabe der PV-Moduldaten		X	X			
	fehlerhafte Anzahl der PV-Moduldaten		X	X			
mess-bedingte Ursachen	Kalibrierung des Bestrahlungssensors		X				
	Bestrahlungssensor ist nicht in der gleichen Ebene wie die PV-Modulfläche montiert		X				
	sich ändernde Bestrahlungsstärken während der Kennlinienmessung		X				
	erhöhte gemessene Bestrahlstärke durch Albedo-Wirkung		X				
	zu geringe Bestrahlstärke (400 W/m^2)		X				
	Abweichung der gemessenen Zelltemperatur vom Messwert			X			

Tabelle 2.4 Mögliche erkennbare Fehlerursachen aus der Kennlinienmessung (Teil 2/2)

nach DIN VDE 0100-712 Abs. 712.538.101 Isolationsüberwachungseinrichtungen in Übereinstimmung mit DIN EN 61557-8 (VDE 0413-8) zu verwenden. Ist die Isolationsüberwachungseinrichtung im Wechselrichter integriert, kann diese auch mit DIN EN 62109-2 (VDE 0126-14-2) übereinstimmen. Der Grenzwert des Isolationswiderstands liegt durch den Wechselrichter bei

$$R = \frac{U_{\text{PV max}}}{30\ \text{mA}}$$

Die Spannung $U_{\text{PV max}}$ ist der Bemessungswert der höchsten Eingangsgleichspannung am DC-Eingang des Wechselrichters. Wird dieser Grenzwert unterschritten, schaltet der Wechselrichter nicht zu. Bei Wechselrichtern mit Funktionserdung liegt z. B. der erwartete Gesamtwiderstand nach DIN EN 62109-2 (VDE 0126-14-2) Abs. 4.8.2.2 a) bei 40 MΩ/m^2. Im Nasszustand können die Grenzwerte unterschritten werden und der Wechselrichter schaltet nicht zu. Besonders in den Morgenstunden setzt sich Tau auf den Steckverbindern, Betriebsmitteln und den PV-Modulen ab, so dass dort der Grenzwert des Isolationswiderstands unterschritten wird und der Wechselrichter nicht zuschaltet.

Einige Wechselrichter, insbesondere ältere Modelle, gehen nach einer Messung in Störung. Die Folge ist, dass diese bis zur manuellen Quittierung nicht mehr zuschalten und die Anlagennutzerträge bis dahin verloren gehen. Andere Wechselrichter überprüfen in regelmäßigen Intervallen den Isolationswiderstand, so dass

nach dem Abtauen der Grenzwert nicht mehr unterschritten ist und der Wechselrichter verspätet zuschaltet.
Im Rahmen von Prüfung und Instandhaltungsmaßnahmen der PV-Anlagen kann ergänzend der Isolationswiderstand im Nassbereich gemessen werden; dadurch können Isolationsfehler durch Nässe erkannt und abgestellt werden.

2.9 Schutz bei Überstrom auf der DC-Seite

PV-Generatoren, PV-Stränge und PV-Module sind bestrahlungs- und temperaturabhängige Stromquellen mit begrenztem Kurzschlussstrom. Der maximale Kurzschlussstrom ist nach Abschnitt 2.3.1 zu berechnen. Dieser darf die zulässige Dauerstrombelastbarkeit der DC-Leitungen nicht überschreiten.

2.9.1 Strombelastbarkeit der DC-Seite

Die einzelnen PV-Stränge sind gegen Überstrom zu schützen. Der Schutz bei Überstrom im Kontext der DIN VDE 0100-430 umfasst zum einen den Schutz bei Überlast und zum anderen den Kurzschlussschutz. PV-Generatoren stehen seitens der PV-Module unter Spannung. Diese sind über die PV-Strangkabel an die Gleichspannungseingänge der PV-Wechselrichter angeschlossen. Hinsichtlich der Energieflussrichtung fließt der Gleichstrom von den PV-Modulen bzw. PV-Strängen zu den DC-Eingängen. Normalerweise sind die Strangsicherungen in den PV-Wechselrichtern angeordnet, wodurch sie damit innerhalb des Leitungsstrangs nicht unmittelbar an der Einspeisestelle der Gleichstromkreises (an den PV-Modulen) angeordnet sind. Damit dienen Strangsicherungen ausschließlich dem Überlastschutz.
PV-Strangkabel sind ab der Stromquelle nicht zwingend mit einer Schutzeinrichtung zum Schutz vor Kurzschluss nach DIN VDE 0100-430 zu versehen. Nach DIN VDE 0100-520 Abs. 521.11 sind Kabel und Leitungen erd- und kurzschlusssicher zu verlegen. Auf Dächern wird dies erreicht durch Verlegung

- einadriger Kabel mit einem nicht metallischen Mantel oder
- isolierter einadriger Leitungen, die in einzeln isolierten Installationsrohren oder geschlossenen Kabelkanälen verlegt sind.

Leitungen der Bauart „H1Z2Z2-K“ sind UV-beständig und dürfen sowohl im Freien fest als auch frei hängend verlegt werden. Sie erfüllen zudem die Anforderungen an eine erd- und kurzschlusssichere Verlegung, sodass bei vorhandenem Bauartennachweis im Rahmen der Prüfung das Augenmerk nur noch auf den Schutz bei Überlast zu legen ist.

Die Auswahl der PV-Strangkabel und PV-Generator- bzw. Teilgeneratorkabel sind hinsichtlich ihrer Eignung und der Strombelastbarkeit zu prüfen. Die DC-Verkabelung der PV-Stränge ist für Systemspannungen bis 1,5 kV (DC) nach DIN EN 50618 (VDE 0283-618) auszulegen. Die Verlegearten auf Dächern beschränken sich im Gegensatz zu den Referenz-Verlegearten nach DIN VDE 0298-4 auf folgende Verlegungen:

- Einzelverlegung in Luft,
- Einzelverlegung an Flächen,
- zwei Leitungen berührend an Flächen.

Die höchstzulässige Umgebungstemperatur liegt bei 90 °C. Ebenso ist eine Verlegung in Elektroinstallationskanälen und Rohren zulässig.

Die Auswahl der Kabel und Leitungen hinsichtlich ihrer Strombelastbarkeit ist auf Einhaltung der folgenden Ungleichung zu überprüfen:

$$I_{SC\,max} \leq I_Z$$

Für die Bewertung der Strombelastbarkeit der PV-Teilgeneratorleitungen sind die maximalen Kurzschlussströme des PV-Teilgeneratorfelds zu summieren. Der Belastungsgrad ist mit $g = 1$ anzusetzen. Zu beachten sind die Reduktionsfaktoren für die Temperaturen nach DIN EN 50618 (VDE 0283-618), siehe **Tabelle 2.5**. Unterhalb der PV-Module kommt es aufgrund eingeschränk-

Umgebungstemperatur in °C	Reduktionsfaktor
bis 60	1,00
70	0,92
80	0,84
90	0,75

Tabelle 2.5 Strombelastbarkeit für DC-Leitungen nach DIN EN 50618 (DIN VDE 0283-618) – Reduktionsfaktoren für Umgebungstemperatur

ter Luftzirkulation zu erhöhten Temperaturen. Hierbei spielt die Art und Ausführung der Montagekonstruktion eine entscheidende Rolle. Sind die PV-Module wie in **Bild 2.23** in einem niedrigen Anstellwinkel auf einem Flachdach montiert, ist selbstredend die Temperaturentwicklung höher als bei Freiflächenanlagen. Auf Dächern ist demnach grundsätzlich ein Reduktionsfaktor von 0,92 anzusetzen.

In der Praxis erweist sich die Befestigung von Steckverbindern und den DC-Kabeln als schwierig. Meist sind diese unzureichend mit Kabelbindern befestigt und hängen deshalb mit der Leitung durch. Oder sie liegen direkt auf der Dachhaut auf und sind parallel verlegt, sodass die dritte Spalte der Strombelastbarkeitstabelle (**Tabelle 2.6**) hinzugezogen werden sollte.

Bild 2.23 Aufstellung von PV-Modulen mit niedrigem Anstellwinkel

Nennquer-schnitt in mm²	Strombelastbarkeit in A bei Verlegeart für Umgebungstemperaturen von 60 °C und einer höchstzulässigen Temperatur am Leiter von 120 °C		
	Einzelleitung frei in Luft	Einzelleitung an Flächen	zwei Leitungen berührend, an Flächen
1,5	30	29	24
2,5	41	39	33
4	55	52	44
6	70	67	57
10	98	93	79
16	132	125	107
25	176	167	142
35	218	207	176
50	276	262	221
70	347	330	278

Tabelle 2.6 Strombelastbarkeit für DC-Leitungen nach DIN EN 50618 (DIN VDE 0283-618) Tabelle A.3

2.9.2 Schutz bei Überlast auf der DC-Seite

Schutzeinrichtungen vor Überstrom sind so auszulegen, dass die Kabel und Leitungen sowie die PV-Module nicht mit unzulässig hohen Strömen beansprucht werden.

Der Schutz vor Überstrom ist demnach entsprechend den Anforderungen nach DIN VDE 0100-430 Abs. 433.1 (Nennstromregel) auszulegen. Hinsichtlich des Überstromschutzes ist der Schutz bei Überstrom für folgende Fälle zu unterscheiden:

- eine Schutzeinrichtung je Strang,
- mehrere parallele Stränge je Schutzeinrichtung,
- Überstromschutz der PV-Strangleitung und des Teilgeneratorkabels,
- Schutz des Hauptgeneratorfeldkabels,
- Schutz des PV-Versorgungskabels.

Für die Betrachtung des Überstromschutzes ist dieser mit dem Faktor 1,1 zu multiplizieren. Hier nach DIN VDE 0100-712 Abs. 712.433 von 10 % Reflexionsstrahlung durch die Umgebung, dem sogenannten *Albedo*, ausgegangen. Der Faktor kann jedoch auch bei besonderen PV-Modultechnologien und reflektierenden Umgebungen (z. B. in Schneegebieten) höher liegen. Liegen höchstens zwei PV-Stränge parallel, ist keine Überstrom-Schutzeinrichtung gefordert.

Im Rahmen der Prüfung ist festzustellen, dass der maximale Kurzschlussstrom eines Strangs die zulässige Dauerstrombelastbarkeit I_z der DC-Leitung nicht überschreitet. Die maximale Strombelastbarkeit ist in Übereinstimmung des Leiterquerschnitts und der Verlegeart zu ermitteln. Auf der DC-Seite ist bei bis zu zwei parallel geschalteten PV-Strängen kein Schutz vor Überlast erforderlich. Die Dauerstrombelastbarkeit I_z der DC-Leitungen darf an keiner Stelle überschritten werden. Parallel geschaltete PV-Stränge oder einzelne PV-Module müssen über die gleichen elektrischen Eigenschaften verfügen. Das heißt, dass in der Praxis PV-Module vom gleichen Typ in einem Strang bzw. in einem PV-Generator zu verwenden sind.

Bei Wechselrichtern mit mehreren unabhängigen MPP-Trackern, die so konstruiert sind, dass ein Rückstrom zwischen den DC-

Eingängen fließen kann, ist die Anzahl der parallel geschalteten Stränge N_S mit der Anzahl der am Wechselrichter angeschlossenen MPP-Eingänge gleichzusetzen. Es gilt:

$$I_{SC\ max} \leq I_Z$$

Bei mehr als zwei parallel geschalteten Strängen summieren sich im Fehlerfall die Ströme der nicht fehlerbehafteten Stränge zum Rückstrom. Dieser kann zu einer überhöhten thermischen Belastung der PV-Module führen. Hierfür sind nach DIN VDE 0100-712 712.432 Schutzeinrichtungen so auszuwählen und anzuordnen, dass die Leitung sowie die PV-Module nicht mit unzulässig hohen Strömen belastet werden.
Der Schutz vor unzulässig hohen Rückströmen wird erreicht durch

- eine allpolige Anordnung von Überstrom-Schutzeinrichtungen oder
- zusätzliche Sperrdioden an jedem Strang.

Sperrdioden stellen jedoch keinen Ersatz für den Schutz bei Überstrom dar und dürfen diesen demnach nicht ersetzen.
Bei *mehr als zwei parallel geschalteten Strängen* kann im Fehlerfall ein Rückstrom in den fehlerhaften PV-Strang fließen. Der Rückstrom setzt sich aus der Summe der nicht vom Fehler betroffenen Stränge zusammen. Es ist sicherzustellen, dass im Fehlerfall der Rückstrom die PV-Module des fehlerhaften Strangs nicht unzulässig beansprucht. Der maximale vom Hersteller angegebene Strom $I_{MOD\_max\_OCPR}$ mit dem Sicherheitsfaktor 1,35 darf nicht unterhalb des maximalen Rückstroms liegen. Unter der Voraussetzung, dass die folgende Bedingung erfüllt ist, kann bei mehr als zwei parallel geschalteten PV-Strängen auf den Überstromschutz verzichtet werden. Es gilt:

$$1{,}35 \cdot I_{MOD\_max\_OCPR} < (N_S - 1) \cdot I_{SC\ max}$$

2.10 Prüfungen auf der Wechselspannungsseite

Wechselspannungsseitig umfasst der Prüfungsumfang der PV-Wechselstromversorgungskreise den Leitungsabschnitt zwischen

Schutzeinrichtungen und Wechselrichter. Die Prüfung umfasst im Wesentlichen den Nachweis über die Wirksamkeit der Schutzmaßnahmen:

- Schutz gegen elektrischen Schlag nach DIN VDE 0100-410 und
- Schutz bei Überstrom nach DIN VDE 0100-430.

Vor der eigentlichen Prüfung werden die elektrischen Eigenschaften von PV-Wechselrichtern wechselspannungsseitig von netzgekoppelten Anlagen erläutert. Durch den Ausbau von Speichern kann allerdings je nach Ausführung auch ein Inselnetz betrieben werden. Im Netzparallelbetrieb besteht eine synchrone Verbindung zum öffentlichen Stromversorgungsnetz, so dass diese nur zuschalten, wenn zwischen den AC-Ausgängen der Wechselrichter und den Netzanschlussklemmen die folgenden Sychronisationsbedingungen erfüllt sind:

- gleiche Spannung,
- gleiche Frequenz und
- gleiche Phasenlage.

Hierzu verfügen heutzutage alle PV-Wechselrichter über eine integrierte automatische Schaltstelle nach DIN VDE 0126-1-1. Sind die Synchronisationsbedingungen nicht erfüllt, schalten netzgekoppelte PV-Wechselrichter ab und öffnen die integrierte Trennstelle im Wechselrichter. Selbiges geschieht bei Wegfall von einem oder zwei Außenleitern und wenn die Spannungen und Frequenzen außerhalb der zulässigen Toleranzbänder liegen.

2.11 Schutz bei Überstrom auf der AC-Seite

Durch Besichtigen der Schutzeinrichtung hinsichtlich der Anordnung und Auswahl sowie der angeschlossenen Leiterquerschnitte im Klemmenfeld ist der Schutz bei Überstrom zu prüfen.

2.11.1 Überlastschutz

Der Überlastschutz verhindert unzulässige Erwärmungen der Kabel, Leitungen sowie Betriebsmittel. Der Überlastschutz ist unter Berücksichtigung der Nennstromregel und Auslöseregel nach DIN VDE 0100-430 zu bewerten. Hierbei sind die Kabel und Leitungen auf der Wechselspannungsseite gemäß DIN VDE 0100-520 und DIN VDE 0298-4 zu dimensionieren. Bei netzgekoppelten PV-Wechselrichtern fließt der Strom vom Wechselrichter über den PV-Versorgungsstromkreis rückwärts in die Kundenanlage. Zur Koordinierung des Überlastschutzes des PV-Stromversorgungskreises ist nach DIN VDE 0100-712 Abs. 712.433.104 der 1,1-fache maximale Wechselstrom des Wechselrichters als Betriebsstrom anzusetzen. Dieser ist mit dem Betriebsstrom I_B nach DIN VDE 0100-430 gleichzusetzen und auf dem Wechselrichtertypenschild angegeben.

$$1{,}1 \cdot I_{AC\ max} \leq I_n \leq I_{MOD\_max\_OCPR}$$

Der Strom $I_{MOD\_max\_OCPR}$ ist gemäß DIN VDE 0100-712 als maximaler Strom der Überstrom-Schutzeinrichtung für ein PV-Modul definiert. Im Kontext des Überlastschutzes der Wechselspannungsseite ist dieser mit der maximalen Dauerstrombelastbarkeit I_Z unter der Berücksichtigung der Reduktionsfaktoren gleichzusetzen. Es gilt demnach folgender Zusammenhang:

$$1{,}1 \cdot I_{AC\ max} \leq I_n \leq I_Z$$

2.11.2 Kurzschlussschutz

Liegt ein Isolationsfehler vor, fließt ein Kurzschlussstrom vom öffentlichen Stromversorgungssystem zur Isolationsfehlerstelle. Die Abschaltung im Kurzschlussfall bewirkt der aus dem Netz gespeiste Kurzschlussstrom. Schaltet die Schutzeinrichtung ab, sind an den Netzanschlussklemmen der PV-Wechselrichter die Synchronisationsbedingungen nicht mehr erfüllt, worauf die integrierte Schaltstelle den Wechselrichter vom PV-Wechselstromversorgungskreis trennt. Dementsprechend ist der Kurzschlussstrom bei netzgekoppelten PV-Anlagen versorgungsseitig zu betrachten.

2.12 Schutz gegen elektrischen Schlag auf der AC-Seite

Durch Besichtigen des Typenschilds der Wechselrichter sind die Schutzklasse und die IP-Schutzart in Erfahrung zu bringen. In der

Regel handelt es sich hierbei um die Schutzklasse 1, so dass die Schutzmaßnahme „Schutz durch automatische Abschaltung im Fehlerfall" anzuwenden ist.

Die Schutzmaßnahme basiert auf einer Basisisolierung zum Schutz gegen direktes Berühren und einer Fehlerschutzvorkehrung. Der Fehlerschutz besteht neben einem wirksamen Schutzleitersystem aus einer Schutzeinrichtung zur automatischen Abschaltung. Im Rahmen der Prüfung ist deshalb durch Besichtigen, Erproben und Messen die Wirksamkeit der Schutzmaßnahme nachzuweisen.

Durch Besichtigen ist festzustellen, dass die Körper der PV-Wechselrichter mit dem Schutzleitersystem der Kundenanlage verbunden und die Abdeckungen bestimmungemäß angebracht sind.

Im Falle eines Körperschlusses im Wechselrichter fließt ein Fehlerstrom vom öffentlichen Stromversorgungssystem zur Isolationsfehlerstelle des Wechselrichters und über den Schutzleiter zum Sternpunkt der Stromquelle zurück. Die Schutzeinrichtung ist demnach wie der Kurzschlussschutz an der Einspeisestelle des PV-Wechselstromversorgungskreises anzuordnen. Die Auswahl der Schutzeinrichtung erfolgt zum einen nach DIN VDE 0100-410 Abs. 411, wodurch sowohl Überstrom-Schutzeinrichtungen als auch Fehlerstrom-Schutzeinrichtungen in TN- und TT-Systemen zulässig sind.

2.12.1 Auswahl der Schutzeinrichtungen gegen elektrischen Schlag

Die Auswahl des Schutzes gegen elektrischen Schlag ist gemäß folgender Aspekte zu prüfen:

- Anforderung an die Art der Schutzeinrichtungen hinsichtlich Bemessungsstrom, Charakteristik und/oder Bemessungsfehlerstrom,
- erforderlicher Leiterquerschnitt, insbesondere der Schutzleiter,
- Erfordernis von zusätzlichen Schutzleiterverbindungen,
- Schutzklasse und Schutzart des PV-Wechselrichters,
- Beachtung der Montage- und Bedienungsanleitung.

Nach DIN VDE 0100-712 Abs. 712.530 sind Fehlerstrom-Schutzeinrichtungen (RCD) für den Schutz gegen elektrischen Schlag am

PV-Wechselstromversorgungskreis vom Typ B vorzusehen. Ausgenommen von der Anforderung sind:

- Wechselrichter mit mindestens einfacher Trennung zwischen Wechselspannungsseite zur Gleichspannungsseite,
- eine einfache Trennung zwischen Wechselrichter und Fehlerstrom-Schutzeinrichtung durch einen Transformator mit getrennten Wicklungen,
- Fälle, in denen eine Bestätigung des PV-Wechselrichterherstellers vorliegt, dass keine Fehlerstrom-Schutzeinrichtungen vom Typ B erforderlich sind.

Bei Letzterem ist darauf zu achten, dass diesem kein RCD vom Typ A vorgelagert ist, da der Eisenkern des vorgelagerten RCDs aufgrund des Gleichfehlerstromanteils (ab 6 mA DC) in Sättigung gehen würde und so der Schutz der nachgelagerten Stromkreise unwirksam wäre. Zudem macht die DIN VDE 0100-410 hinsichtlich des zulässigen Bemessungsfehlerstroms bei Anwendung des Schutzes durch automatische Abschaltung keine Aussage, wodurch mögliche Einschränkungen aus der Montage- und Bedienungsanleitung zu entnehmen sind.

Können die Abschaltbedingungen für den Fehlerschutz nicht eingehalten werden, ist nach DIN VDE 0100-410 Abs. 411.3.2.6 ein zusätzlicher Schutzpotentialausgleich vorzusehen. Die Leiterwiderstände sind gemäß DIN VDE 0100-540 auszuwählen. Die Körper der Wechselrichter sind mit der Haupterdungsschiene mit einem Leiterquerschnitt von mindestens 6 mm^2 (Kupfer) oder gleichwertig zu verbinden. Die Verbindung ist durch Messung der Durchgängigkeit der Leiter nach DIN VDE 0100-600 nachzuweisen.

2.12.2 Erproben und Messen auf der AC-Seite

Der Nachweis über die Wirksamkeit der Schutzmaßnahme „Schutz durch automatische Abschaltung“ ist nach DIN VDE 0100-600 zu erbringen. Hierzu sind folgende Messungen durchzuführen:

- Durchgängigkeit der Schutzleiterverbindungen,
- Messen des Isolationswiderstands,

- Messung der Fehlerschleifenimpedanz.

Durch Besichtigen ist festzustellen, dass die Schutzeinrichtung für den Fehlerschutz (Überstrom-Schutzeinrichtung oder RCD) an der Einspeisestelle des PV-Wechselstromversorgungskreises angeordnet ist. Zusätzlich ist bei netzgekoppelten PV-Anlagen durch Abschalten die Inselnetzerkennung des Wechselrichters zu erproben. Hierbei muss der Hauptschalter am Wechselrichter den Einspeisebetrieb unterbrechen und den Wechselrichter abschalten.

2.12.3 Messen des Isolationswiderstands

Die Messung des Isolationswiderstands muss bei neu errichteten Anlagen bei Inbetriebnahme vollumfänglich durchgeführt werden. Bei wiederkehrenden Prüfungen kann der Prüfer unter bestimmten Bedingungen den Umfang der Messungen auf Stichproben reduzieren, wenn dadurch eine Beurteilung des gesamten PV-Generators möglich ist.

Auf der Gleichspannungsseite sind spannungsführende Teile vorhanden, die vor der Prüfung nicht freigeschaltet werden können. Die Anschlussstellen des PV-Generators sowie die gesamte Gleichspannungsseite stehen deshalb auch bei abgeschalteten Wechselrichtern unter Spannung.

Der Isolationswiderstand der PV-Wechselstrom-Versorgungskreise ist bei neu errichteten Anlagen entsprechend DIN VDE 0100-600 durchzuführen. Der Isolationswiderstand bei der Erstprüfung ist zwischen

- den aktiven Leitern und
- den aktiven Leitern und den mit der Erdungsanlage verbundenen Schutzleitern

zu messen. Der Neutralleiter ist für diese Messung in einem TN-S-System zuvor zu trennen. Der Wechselrichter stellt dabei ein fest angeschlossenes Betriebsmittel mit einer Bemessungsspannung von 400/230 V dar. Die Messgleichspannung ist entsprechend DIN VDE 0100-600 Tabelle 6.1 einzustellen. Für den genannten Spannungsbereich darf bei neu errichteten Anlagen der Isolationswiderstand der genannten Messpunkte nicht unterhalb von 1 MΩ liegen.

Häufig sind im Wechselrichter Überspannungs-Schutzeinrichtungen (SPD) integriert oder im PV-Wechselstrom-Versorgungskreis angeschlossen. Im Idealfall wird der Isolationswiderstand vor Anschluss des Wechselrichters und der Überspannungs-Schutzeinrichtungen gemessen. Hier empfiehlt es sich,

- wenn der SPD im Wechselrichter integriert ist, diesen entweder abzuklemmen oder
- die Messung vor Anschluss des Wechselrichters am PV-Wechselstrom-Versorgungskreis vorzunehmen.

Sollten die genannten Optionen nicht umsetzbar sein, darf die Messgleichspannung auf 250 V unter der Voraussetzung herabgesetzt werden, dass der Isolationswiderstand mindestens 1 MΩ beträgt. Für wiederkehrende Prüfungen gelten die Grenzwerte in Abhängigkeit vom Montageort der Wechselrichter nach DIN VDE 0105-100. Hierzu gelten im Betrieb die folgenden Grenzwerte für fest angeschlossene Betriebsmittel:

- 300 Ω/V Nennspannung für in Räumen errichtete Wechselrichter und
- 50 Ω/V Nennspannung für im Freien errichtete Wechselrichter.

2.12.4 Nachweis des Schutzes durch automatische Abschaltung

Da PV-Wechselstromversorgungskreise in der Regel als TN-S-Systeme ausgeführt sind, werden lediglich die erforderlichen Prüfschritte hierfür beschrieben. Der Nachweis ist über eine der zwei folgenden Methoden zu erbringen:

- Messung der Fehlerschleifenimpedanz an den Anschlussstellen der Wechselrichter und Messung der Durchgängigkeit der Schutzleiter. Alternativ zur Messung der Fehlerschleifenimpedanz kann der Nachweis ebenso durch Berechnung des einpoligen kleinsten Kurzschlussstroms erbracht werden.
- Die Wirksamkeit der Fehlerstrom-Schutzeinrichtungen ist nachgewiesen, wenn die Abschaltung innerhalb der vorgeschriebenen Abschaltzeiten nach DIN VDE 0100-410 Tabelle 41.1 beim Bemessungsfehlerstrom erfolgt. Ergänzend ist die Durchgängigkeit der Schutzleiter hinter der Schutzeinrichtung zu messen.

2.13 Inselanlagen

Inselwechselrichter stellen an den Netzschlussklemmen das Stromversorgungssystem für die Kundenanlage bereit. Im Gegensatz zum Netzparallelbetrieb sind alle aktiven Leiter des Stromversorgungssystems vom öffentlichen Stromversorgungsnetz getrennt. Im Hinblick mit der Nachrüstung von Speichern ist der Schutz bei Überstrom und der Schutz gegen elektrischen Schlag im Inselbetrieb gesondert zu betrachten. Während im Netzparallelbetrieb mit einem ausreichend hohen Abschaltstrom zu rechnen ist, ist der Kurzschlussstrom im Inselbetrieb durch den Wechselrichter begrenzt. Die Schutzeinrichtungen der Verbraucherpfade sind deshalb im Rahmen der Prüfung ebenfalls zu beachten.

Im Inselsystem kann der Wechselrichter in der Regel nicht den für die automatische Abschaltung erforderlichen Abschaltstrom zur Verfügung stellen. Infolgedessen können in den Verbraucherpfaden ohne Fehlerstrom-Schutzeinrichtung die Schutzmaßnahmen unwirksam werden. Hier kann im Inselbetrieb auf die Ersatzmaßnahme nach DIN VDE 0100-410 Anhang D zurückgegriffen werden. Bei Körperschluss im Verbraucherpfad muss dann der Umrichter die Ausgangsspannung auf unterhalb 50 V (AC) innerhalb der zulässigen Abschaltzeiten nach DIN VDE 0100-410 Tabelle 41.1 (0,4 s im TN-System, 0,2 s im TT-System) absenken und die Stromversorgung spätestens nach fünf Sekunden abschalten. Allerdings erweist sich diese Ersatzmaßnahme bei hohen Anforderungen an die Verfügbarkeit durch die Abschaltung der kompletten Stromversorgung im Inselbetrieb als Nachteil, so dass hier weitere Anforderungen an die Aufrechterhaltung der Stromversorgung zu beachten sind.

Die Anwendung der Ersatzmaßnahme gemäß DIN VDE 0100-410 Anhang D ist hinsichtlich der Prüfung ein typisches Schnittstellenthema zwischen Art und Aufbau der Kundenanlage und den Eigenschaften des Wechselrichters.

In diesem Fall ist bei der Prüfung der Nachweis der Schutzmaßnahmen gegen elektrischen Schlag wie folgt zu erbringen:

- Es ist die Herstellererklärung des Inselwechselrichters zu sichten. Die Herstellererklärung muss einen Hinweis auf die Anwendung der Ersatzmaßnahme gemäß DIN VDE 0100-410 Anhang D enthalten.
- Es ist zu überprüfen, ob der Anschluss am Inselwechselrichter gemäß den Herstellervorgaben ausgeführt ist. Hierbei sind insbesondere folgende Aspekte zu berücksichtigen:
  - Einhaltung der erforderlichen Leiterquerschnitte unter Berücksichtigung der Verlegbedingungen,
  - Vorhandensein aller Schutzleiteranschlüsse mit den erforderlichen Leiterquerschnitten,
  - Einhaltung der zulässigen Leitungslängen und Einhaltung des Spannungsfalls,
  - Einhaltung der maximalen Impedanz der Schutzerde.
- Prüfung der Eignung der Betriebsmittel in den Verbraucherpfaden hinsichtlich der Netzform.
- Messung der Durchgängigkeit der Schutzleiterverbindungen zwischen Inselwechselrichter und Körpern.
- Prüfung der Anforderungen an den zusätzlichen Schutzpotentialausgleich.

Mit Einzug der Speicher gibt es neben den reinen netzgekoppelten und reinen Inselanlagen auch PV-Stromversorgungssysteme (siehe **Bild 2.24 a**), die eine Umschaltung zwischen Netzparallel- und Inselbetrieb zulassen. Im Inselbetrieb kann sich die Netzform ändern. Hier wird unterschieden zwischen Wechselrichtern mit und ohne Sternpunktnachbildung. Für die Prüfung bedeutet dieser Umstand den doppelten Prüfumfang. Während im Netzparallelbetrieb (siehe **Bild 2.24 b**) der Schutz durch automatische Abschaltung gemäß DIN VDE 0100-600 durchzuführen ist, kann sich im Inselbetrieb die Netzform ändern. Ausschlaggebend für die Netzform im Inselbetrieb ist die sogenannte *Sternpunktnachbildung* des Wechselrichters. Dabei handelt es sich um eine temporäre Verbindung des Sternpunkts des inselnetzbildenden Systems zur Haupterdungsschiene der Kundenanlage. Über die Sternpunktnachbildung wird im Inselbetrieb ein TN- oder TT-System nachgebildet. Aus Stabilitätsgründen muss die Sternpunkt-

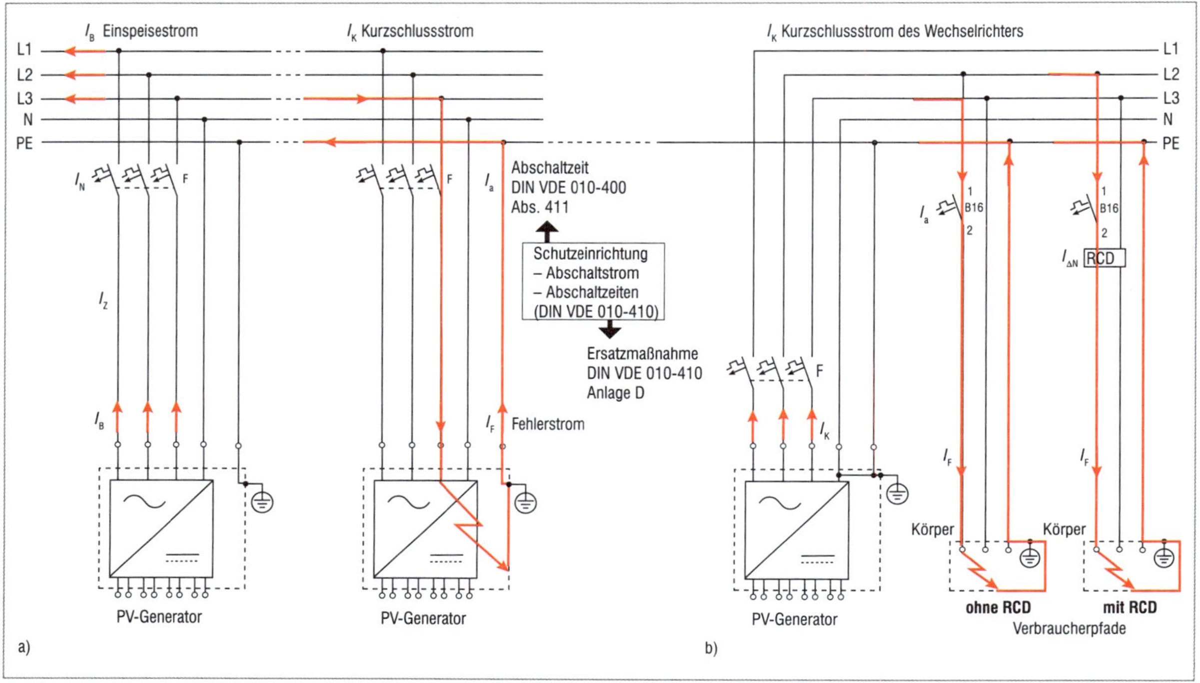

Bild 2.24 Übersicht Schutz gegen elektrischen Schlag und Überstrom im Netzparallel- und Inselbetrieb im TN-System und Ersatz-TN-System

nachbildung nach VDE-AR-E 2510-2 einem Leiterquerschnitt von mindestens 10 mm^2 Kupfer oder gleichwertig entsprechen.
Im Netzparallelbetrieb darf die Sternpunktnachbildung grundsätzlich nicht aktiv sein. Wäre diese aktiv, würden über den Sternpunkt des Wechselrichters die Betriebsströme anteilig über das Schutzleitersystem fließen.
Ergänzend zu den Anforderungen nach DIN VDE 0100-600, DIN VDE 0100-712 und DIN VDE 0126-23-1 ist bei inselnetzbildenden Systemen mit Speichern seit der neuen Ausgabe der VDE-AR-E 2510-2 gemäß Abs. 6.600 der Schaltzustand der Sternpunktnachbildung zusätzlich zu erproben. Darüber hinaus ist zusätzlich die Durchgängigkeit der Leiter zwischen dem Anschlusspunkt zum Schutzpotentialausgleich und dem temporären Sternpunkt des inselnetzbildenden Systems zu messen.
Wechselrichter ohne Sternpunktnachbildung bilden im Inselbetrieb ein IT-System. Die Körper der Verbraucherpfade sind innerhalb einer Kundenanlage einzeln oder gruppenweise an einem gemeinsamen Schutzleitersystem angeschlossen. Im Gegensatz zum typischen IT-System hat das Ersatz-IT-System nicht zwingend den Zweck des Erhalts der Stromversorgung nach dem ersten Fehler, so dass die vorzusehende Isolationsüberwachungseinrichtung bereits beim ersten Fehler eine Abschaltung bewirken muss. Sofern der Hersteller keine zusätzlichen Anforderungen festlegt, wird nach VDE-AR-E 2510-2 Abs. 6.410.1 ein Ansprechwert von 100 Ω/V für die Hauptmeldung und 300 Ω/V für die Vorwarnung empfohlen. Die Isolationsüberwachungseinrichtung muss den Anforderungen nach DIN EN 61557-8 (VDE 0413-8) entsprechen und symmetrische Isolationsfehler erkennen. Sie kann entweder im inselnetzbildenden System integriert oder außerhalb durch ein separates Gerät installiert sein. Die Auswahl und Anordnung sowie die Einstellwerte sind zu prüfen. Liegt ein Ersatz-IT-System vor, ist zudem im Rahmen der Prüfung festzustellen, dass die Betriebsmittel in den Verbraucherpfaden hierfür geeignet sind.

2.14 Blitz- und Überspannungsschutz von PV-Anlagen

Nach derzeitigem Stand hat in Deutschland nach DIN VDE 0100-712 Abs. 712.443 die Entscheidung zur Verwendung von Überspannungs-Schutzgeräten in PV-Anlagen nach DIN EN 62305-3 Beiblatt 5 (VDE 0185-305-3 Beiblatt 5) zu erfolgen. Mit diesem nationalen Verweis ist das Beiblatt, das für sich einen rein informativen Charakter hat und weitere Möglichkeiten nicht ausschließt, die Anforderungen zu erfüllen, Bestandteil der Errichtungsbestimmungen.

Mit Anwendungsbeginn der VDE-AR-N 4100 werden vom Netzbetreiber zusätzliche Anforderungen an die Ausführung und den Einbau von Überspannungsschutzgeräten im Hauptstromversorgungssystem der Kundenanlagen gestellt.

Sofern gemäß den technischen Anschlussbedingungen des Netzbetreibers Überspannungsschutzgeräte im Vorzählerbereich (Hauptstromversorgungssystem) einzubauen sind, müssen folgende Anforderungen beachtet werden:

- Die Überspannungsschutzgeräte vom Typ 1 müssen den Anforderungen der Produktnorm DIN EN 61643-11 (VDE 0675-6-11) entsprechen.
- Es ist sicherzustellen, dass die SPDs Typ 1 bei einem inneren Kurzschluss dauerhaft vom Netz getrennt werden können.
- Es dürfen ausschließlich spannungsschaltende SPDs Typ 1 (mit Funkenstrecke) eingesetzt werden.
- Überspannungsschutzgeräte mit Varistoren oder mit einer Parallelschaltung aus Varistoren und Funkenstrecken dürfen nicht im Hauptstromversorgungssystem eingebaut werden.
- Die Überspannungsschutzgeräte dürfen keinen Betriebsstrom durch Statusanzeigen (z. B. Anzeige-LEDs) verursachen.
- Die Kurzschlussfestigkeit des Überspannungsschutzgerätes muss mindestens 25 kA betragen.
- Der Folgestrom des Überspannungsschutzgerätes darf nicht zum Auslösen der Hausanschlusssicherung führen. Dementsprechend sind die Anforderungen an die Kurzschlussselektivität zu beachten.

- Die Verteiler, Gehäuse und Anschlussbereiche der Überspannungsschutzgeräte im Hauptstromversorgungssystem müssen plombierbar sein. Der Status des Überspannungsschutzgerätes muss ersichtlich sein. Entsprechend sind Anschlusskästen mit einer transparenten Abdeckung auszuwählen.

Wird die PV-Anlage nachträglich in eine Kundenanlage integriert, ist hier von einer Erweiterung die Rede, so dass bei älteren Kundenanlagen diesbezüglich eine Anpassung zu prüfen ist. Der Anschluss der Überspannungs-Schutzeinrichtung vom Typ 1 im Hauptversorgungssystem und vom Typ 2 in der Verteilung ist nach DIN VDE 0100-534 Abs. 534.4.10 an folgenden Stellen der Kundenanlage zu koordinieren:

- Einbauort I: Hauptstromversorgungskreis zwischen HAK und Zähler
- Einbauort II: Verteilerstromkreis zwischen Zähler und Wechselrichter
- Einbauort III: Gleichspannungsseite zwischen Wechselrichter und PV-Generator

Hierzu ist im Rahmen der Prüfung zwischen folgenden Anwendungsfällen zu unterscheiden:

A Es ist keine Blitzschutzanlage auf dem Dach installiert.

B Es ist eine Blitzschutzanlage auf dem Dach installiert und die Trennungsabstände sind eingehalten.

C Es ist eine Blitzschutzanlage auf dem Dach installiert und die Trennungsabstände sind nicht eingehalten (**Tabelle 2.7**).

Ist keine Blitzschutzanlage auf dem Dach vorhanden, sind direkte Blitzeinschläge in die Montagekonstruktion bzw. die DC-Lei-

Situation Trennungsabstände und äußerer Blitzschutz		Anschluss PA an Montagekonstruktion	SPD Einbauort I	SPD Einbauort II	SPD Einbauort III
A	kein äußerer Blitzschutz	6 mm²	Typ 2[1] Typ 1[2]	Typ 2	Typ 2
B	äußerer Blitzschutz mit Einhaltung der Trennungsabstände	6 mm²	Typ 1	Typ 2	Typ 2
C	äußerer Blitzschutz ohne Einhaltung der Trennungsabstände	16 mm²	Typ 1	Typ 1	Typ 1

1 Anforderung aus DIN EN 62305-3 Beiblatt 5 (VDE 0185-305-3 Beiblatt 5)
2 Anforderung aus VDE-AR-N 4100

Tabelle 2.7 Auswahl der Überspannungs-Schutzgeräte nach DIN EN 62305-3 Beiblatt 5

tungen unwahrscheinlich. Eine Überspannung kann demzufolge nur vom öffentlichen Stromversorgungssystem in die Anlage eingekoppelt werden. In der Hauptverteilung wäre nach DIN EN 62305-3 Beiblatt 5 (VDE 0185-305-3 Beiblatt 5) ein Überspannungsableiter vom Typ 2 erforderlich. Allerdings ist nach VDE-AR-N 4100 ein Überspanungsschutzgerät vom Typ 1 gefordert, so dass dieses grundsätzlich bei Änderung in der Hauptverteilung einzubauen ist. An den Einbauorten B und C sind Überspannungsableiter vom Typ 2 erforderlich.

Sind die Trennungsabstände zur äußeren Blitzschutzanlage eingehalten, ist mit einem Überschlag auf die Montagekonstruktion der DC-Seite bei der zutreffenden Blitzschutzklasse nicht zu rechnen. Durch die neuen Anforderungen aus der VDE-AE-N 4100 unterschieden sich die Anwendungsfälle A und B nicht. Die Montagekonstruktion ist mit einem Leiterquerschnitt von 6 mm^2 Kupfer in den Potentialausgleich einzubeziehen.

Können die erforderlichen Trennungsabstände zwischen Montagekonstruktion und äußerer Blitzschutzanlage nicht eingehalten werden, ist die Montagekonstruktion in den äußeren Blitzschutz einzubeziehen.

Darüber hinaus sind an allen der drei Einbauorte Überspannungsableiter vom Typ 1 vorzusehen. Der Anschluss zum Potentialausgleich ist blitzstromtragfähig mit einem Leiterquerschnitt von 16 mm^2 (Kupfer) auszuführen. Ebenso müssen Teile der Montagekonstruktion und deren Befestigungs- und Verbindungsteile blitzstromtragfähig ausgeführt werden (**Bild 2.26**). Die Verbindungsbauteile müssen gemäß DIN EN 62561-1 (VDE 0185-561-1) klassifiziert sein.

Bild 2.26 Verbindungsmaterial zwischen zwei PV-Teilgeneratorfeldern mit Einbindung der Montagekonstruktion in den äußeren Blitzschutz

Die Klassifizierung muss entweder auf den Bauteilen angegeben sein oder ist anhand einer Herstellererklärung zu belegen. Die Bauteilklassifizierung unterteilt sich in die Klassifizierung H und N (**Tabelle 2.8**):

- Bauteile der Klasse H sind geprüfte Bauteile für LPS der Blitzschutzklassen I und II.
- Bauteile der Klasse N sind geprüfte Bauteile für LPS der Blitzschutzklassen III und IV.

Blitzschutzklasse	**LPS-Gefährdungspegel (Stromscheitelwerte der Blitzeinschläge 0 kA bis 200 kA)**	**geschützter Bereich**	**Klassifizierung der Verbindungsbauteile DIN EN 62561-1 (VDE 0185-561-1)**	**Abstände der Ableitungen in m**	**Maschen**	**Radius der Blitzkugel in m**
I	2 kA bis 200 kA	höchstes Schutzziel: – Ex-Bereiche – Rechenzentren	H	10	5 m x 5 m	20
II	5 kA bis 150 kA	mittleres Schutzziel: – Leitstellen (Polizei und Rettungsdienste) – Fermeldetürme			10 m x 10 m	30
III	10 kA bis 100 kA	normales Schutzziel: – Versammlungsstätten – Sonderbauten	N	15	15 m x 15 m	45
IV	16 kA bis 100 kA	wird nicht angewendet!		20	20 m x 20 m	60

Tabelle 2.8 Bauteilklassifizierung gegenübergestellt mit den Blitzschutzklassen und deren Anwendung

3 Prüfung, Wartung und Instandhaltung von Speichern

3.1 Erstprüfung gemäß DIN VDE 0100-600

Der Speicher ist Teil der ortsfesten elektrischen Anlage. Bei Neuerrichtung eines Speichers ist eine Erstprüfung durch den Errichter nach DIN VDE 0100-600 durchzuführen. Eine Nachrüstung eines Speichers in bestehenden ortsfesten elektrischen Anlagen entspricht einer Erweiterung. Demnach sind die von der Änderung und Erweiterung betroffenen Anlagenteile ebenfalls zu prüfen. Die Prüfung besteht aus Besichtigen, Erproben und Messen.
Im Betrieb ist der Speicher nach DIN VDE 0105-100 bzw. DIN VDE 0105-100/A1 im ordnungsgemäßen Zustand zu erhalten. Der Umfang sowie die Prüffristen können sich durch Verlangen des Netzbetreibers sowie aus weiteren gesetzlichen oder privatrechtlichen Obliegenheiten des Betreibers ergeben. Der Speicher wird in der Regel als Teil einer Erzeugungsanlage wie Photovoltaikanlage, BHKW oder Kleinwindanlage betrieben. Erzeugungsanlage und Speicher sind hier teilweise im Gesamtkontext der Anlage nicht voneinander trennbar. Deshalb sind die Speicher und auch die Erzeugungsanlagen wie Photovoltaik hinsichtlich der Prüffristen wie eine Anlage der DIN VDE 0100-7XX-Gruppe zu betrachten.
Zusätzlich zu den Anforderungen nach DIN VDE 0100-600 und DIN VDE 0105-100 sind die nachfolgend beschriebenen Prüfungen vorzunehmen. Die Prüfungen sind für den Netzparallelbetrieb und den Netzersatzbetrieb durchzuführen. Die Prüfung besteht aus

- Besichtigen,
- Prüfung der Dokumentation und Kennzeichnungen,
- Funktionsprüfung (Erproben),
- Messen.

Für die Prüfungen sind vor der Inbetriebnahme die zum Zeitpunkt der Errichtung / Änderung / Instandsetzung gültigen Normen, Richtlinien und Verordnungen zu berücksichtigen. Als

Bewertungskriterium sind u. a. folgende Anforderungen zu beachten:

- DIN VDE 0100-551-1:2018-05 Errichten von Niederspannungsanlagen – Teil 5-55: Auswahl und Errichtung elektrischer Betriebsmittel – Andere Betriebsmittel – Abschnitt 551: Niederspannungsstromerzeugungseinrichtungen,
- DIN VDE 0100-600:2017-06 Errichten von Niederspannungsanlagen – Teil 6: Prüfungen,
- VDE-AR-E 2510-2:2021-02 Stationäre Speicher am Niederspannungsnetz,
- VDE-AR-E 2510-50:2017-05 Stationäre Energiespeichersysteme mit Lithium-Batterien – Sicherheitsanforderungen,
- VDE-AR-N 4100:2019-04 Technische Regeln für den Anschluss von Kundenanlagen an das Niederspannungsnetz und deren Betrieb (TAR Niederspannung),
- VDE-AR-N 4105:2018-11 Erzeugungsanlagen am Niederspannungsnetz – Technische Mindestanforderungen für Anschluss und Parallelbetrieb von Erzeugungsanlagen am Niederspannungsnetz.

3.2 Dokumentation

Grundsätzlich sind nach DIN VDE 0100-510 Abs. 514.5 Schaltpläne und eine Dokumentation zu erstellen. Schaltpläne und Zeichnungen müssen in geeigneter Form Auskunft über Art und Aufbau der Ladeeinrichtung und des Stromversorgungssystems geben. Der Einbauort, die Einstellwerte und die vorgesehenen Funktionen der Schutz-, Trenn- und Schalteinrichtungen müssen ersichtlich sein. Bei inselnetzbildenden Systemen ist eine Systemdokumentation mit folgenden Angaben und Unterlagen bereitzustellen:

- Angaben zur Verwendung des Speichers nach Betriebsart z. B. nur Netzparallelbetrieb, Inselbetrieb
- technische Spezifikationen und Anleitungen des Herstellers der Speicher
- Anleitungen für Wartung, Betrieb und Service

- Unterlagen und erforderliche Datenblätter nach VDE-AR-N 4100, insbesondere der Anforderungen an den Betrieb von Speichern nach Abs. 10.5
- Anmeldung bzw. die erforderliche Zustimmung des Netzbetreibers gemäß NAV § 19 (2)
- Unterlagen und erforderliche Datenblätter nach VDE-AR-N 4105
- Übergabeprotokoll zur Einweisung des Anlagenbetreibers
- Übersichtsschaltplan, in dem alle Schalt- und Sicherheitseinrichtungen enthalten sind
- Angaben zur verwendeten Speichertechnologie
- Einhaltung der allpoligen Trennung am Netzanschlusspunkt bei Inselbetrieb
- Sicherheitshinweise des Herstellers
- Messprotokoll nach DIN VDE 0100-600 für den Netzparallelbetrieb und den Inselbetrieb
- ein Hinweis auf ein inselnetzfähiges Speichersystem ist durch den Anlagenerrichter am Hausanschlusskasten oder am jeweiligen zentralen Zählerplatz anzubringen, um auf die Gefahr einer anliegenden Spannung trotz ausgeschaltetem Versorgungsnetz hinzuweisen
- Schaltpläne und Übersichtspläne
- Nutzerinformationen und Vollständigkeit der Beschilderung
- Errichterbescheinigung nach DGUV Vorschrift 3 (falls erforderlich)

3.3 Besichtigen

Das Besichtigen dient der Feststellung der korrekten Auswahl, Montage und Anordnung der Betriebsmittel in Übereinstimmung mit den zutreffenden Teilen der Normenreihe DIN VDE 0100. Die elektrische Anlage ist vor dem Messen und Erproben zu besichtigen. Im Rahmen der Erstprüfung elektrischer Anlagen ist durch Besichtigen festzustellen, dass die Betriebsmittel der elektrischen Anlage

- den zutreffenden Betriebsmittelnormen entsprechen,
- korrekt ausgewählt und installiert sind,
- keine sichtbaren Beschädigungen oder Fehler aufweisen.

Der Nachweis kann durch Überprüfung der Informationen, Kennzeichnungen oder Zertifikate des Herstellers erfüllt werden. Beim Besichtigen sind mindestens folgende Punkte zu überprüfen:

- Schutzmaßnahme gegen elektrischen Schlag nach DIN VDE 0100-410,
- Vorkehrungen gegen die Ausbreitung von Feuer und Schutz gegen thermische Einflüsse,
- Auswahl der Kabel, Leitungen und Stromschienen hinsichtlich der Strombelastbarkeit und des Spannungsfalls,
- Auswahl, Einstellung, Selektivität und Koordinierung von Schutz- und Überwachungsgeräten,
- Auswahl, Anordnung und Errichtung von geeigneten Überspannungs-Schutzeinrichtungen (SPDs),
- Auswahl, Anordnung und Errichtung von geeigneten Trenn- und Schaltgeräten,
- Auswahl der elektrischen Betriebsmittel und der Schutzmaßnahmen unter Berücksichtigung der äußeren Einflüsse und mechanischen Beanspruchungen,
- ordnungsgemäße Kennzeichnung von Neutral- und Schutzleitern,
- Vorhandensein von Schaltungsunterlagen, Warnhinweisen und anderen ähnlichen Informationen,
- Kennzeichnung der Stromkreise, Überstrom-Schutzeinrichtungen, Schalter, Klemmen und dergleichen,
- ordnungsgemäße Klemmen und Verbindungen von Kabeln und Leitern,
- Auswahl und Errichtung von Erdungsanlagen, Schutzleitern, einschließlich Schutzpotentialausgleichsleitern und ihrer Anschlüsse an die Haupterdungsschiene (siehe DIN VDE 0100-540 (VDE 0100-540),
- leichte Zugänglichkeit der elektrischen Betriebsmittel zur Bedienung,
- Kennzeichnung und Instandhaltung,

- Maßnahmen gegen elektromagnetische Störungen,
- Anschluss der Körper an die Erdungsanlage,
- geeignete Auswahl und Errichtung von Kabel- und Leitungssystemen.

Beim Besichtigen des Speichers sind auch die von der Änderung und Erweiterung betroffenen Anlagenteile einer Erstprüfung im Inselbetrieb zu unterziehen. Es sind insbesondere folgende Bereiche unter Berücksichtigung folgender Aspekte zu besichtigen:

- Einhaltung der Anforderungen an den Schutz gegen elektrischen Schlag im Inselbetrieb und im Netzparallelbetrieb hinsichtlich der korrekten Auswahl und Anordnung der Schutzeinrichtungen
- Auslegung und Anordnung der Überstrom-Schutzeinrichtungen hinsichtlich der Strombelastbarkeit und des Spannungsfalls nach DIN VDE 0100-430 und DIN VDE 0298-4
- Aufstellung der Batterien hinsichtlich des Aufstellorts und der Umgebungsbedingungen
- Wird die elektrische Anlage im Inselbetrieb als Ersatz-TN-System betrieben, ist festzustellen, ob die Sternpunktnachbildung auf den Kurzschlussstrom des inselnetzbildenden Systems ausgelegt ist.
- Beim Ersatz-IT-System ist zu prüfen, ob die Verbraucher für den Betrieb im IT-System geeignet sind.
- Es ist anhand der Montage- und Bedienungsanleitungen bzw. aus den Sicherheitsdatenblättern die Erfordernis einer Lüftungsanlage festzustellen und bei Bedarf die Anordnung der Lüftung sowie der erforderliche Luftwechsel anhand der Planungsunterlagen zu überprüfen.

Weitere Anforderungen hinsichtlich des Aufstellorts und anwendungsspezifische Regeln sind zu beachten (z. B. VDE-AR-E 2510-50 bei Lithium-Batterien).

3.4 Erproben

Das Erproben umfasst nach DIN VDE 0100-600 Abs. 6.4.3.10 u.a. eine Funktionsprüfung. Hierbei sind seitens der ortsfesten elektrischen Anlage und des Speichers folgende Funktionen zu erproben:

- Funktion des Energieflussrichtungssensors (EnFluRi-Sensor),
- Funktion des zugehörigen Energiemanagements,
- Funktion von Fehlerstrom-Schutzeinrichtungen (RCDs) durch Betätigen der Prüftaste,
- Schutzeinrichtungen/Schutzrelais,
- Funktion der Isolationsüberwachungseinrichtungen (IMDs) durch Betätigen der Prüftaste,
- Melde- und Anzeigeeinrichtungen,
- Erproben aller Not-Aus-Betätigungselemente (falls vorhanden),
- Erproben der Sternpunktnachbildung.

3.5 Messen

Die Erstprüfung umfasst, sofern zutreffend, nach DIN VDE 0100-600 folgende Messungen:

- Durchgängigkeit der Leiter,
- Isolationswiderstand,
- Isolationswiderstand zur Bestätigung der Wirksamkeit des Schutzes durch SELV, PELV oder durch Schutztrennung,
- Isolationswiderstand/-impedanz von isolierenden Fußböden und isolierenden Wänden,
- Prüfung der Spannungspolarität,
- Prüfung zur Bestätigung der Wirksamkeit des Schutzes durch automatische Abschaltung der Stromversorgung,
- Prüfung zur Bestätigung der Wirksamkeit des zusätzlichen Schutzes,
- Prüfung der Phasenfolge der Außenleiter,
- Funktionsprüfungen,
- Spannungsfall.

Isolationswiderstand

Bei der Isolationswiderstandsmessung ist das Batteriespeichersystem als Verbraucher zu prüfen. In sämtlichen Schaltzuständen, wie Netzparallel- oder Inselbetrieb, müssen die Werte nach DIN VDE 0100-600, Tabelle 6A eingehalten werden.
Bei Wiederholungsprüfungen gelten bei Batteriespeichersystemen, die wechselstromseitig angeschlossen sind, die Grenzwerte nach DIN VDE 0105-100.

3.6 Nachweis der Wirksamkeit der Schutzmaßnahme im IT-Inselbetrieb

Im Ersatz-IT-System sind alle Körper in ihrer Gesamtheit mit einem Schutzleiter oder Erdungsleiter verbunden. Die Funktion der Isolationsüberwachungseinrichtung (IMD) ist zu erproben durch

- Betätigen der Testtaste und/oder
- Einbringen eines Prüfwiderstands zwischen einem aktiven Leiter und dem Schutzleiter.

Die Abschaltung durch die Isolationsüberwachungseinrichtung muss beim ersten Fehler innerhalb einer Minute erfolgen.

3.7 Nachweis der Wirksamkeit der Schutzmaßnahme im TN-Inselbetrieb

Im Inselbetrieb muss der Speicher zur Einhaltung der Abschaltbedingungen im TN-System den erforderlichen Kurzschlussstrom bereitstellen. Ist der am Speicher angegebene kleinste einpolige Kurzschlussstrom I_k abzüglich des Betriebsstroms mindestens so hoch wie der erforderliche Abschaltstrom I_a der Schutzeinrichtung und verfügt der Speicher über einen Tiefentladeschutz, ist die Schutzmaßnahme im Inselbetrieb wirksam.
Ist der vom Speicherhersteller angegebene Kurzschlussstrom I_k abzüglich des Betriebsstroms kleiner als der für die automatische Abschaltung erforderliche Abschaltstrom I_a, ist anhand der Herstellerangaben des Speichers festzustellen, ob der Umrichter des Speichers ersatzweise die Ausgangsspannung am Netzanschlusspunkt (POC) entsprechend den Anforderungen nach DIN VDE 0100-410 Anhang D innerhalb der geforderten Abschaltzeit auf

unter 50 V reduziert und innerhalb von 5 s die Stromversorgung abschaltet.

Vor der Messung ist durch Besichtigen festzustellen, dass

- die Schutzeinrichtungen entsprechend den Anforderungen nach DIN VDE 0100-530 so angeordnet sind, dass diese nicht aufgrund der Betriebsbeanspruchungen unwirksam werden,
- der vom Hersteller angegebene Kurzschlussstrom abzüglich dem Betriebsstrom der Anschlussnutzeranlage größer ist als der erforderliche Abschaltstrom I_a,
- der Speicher über einen Tiefentladeschutz verfügt,
- der Speicher laut Herstellererklärung den Anforderungen hinsichtlich der funktionalen Sicherheit nach DIN EN 61508 entspricht bzw. die Steuerung entsprechend den Anforderungen an die funktionale Sicherheit nach DIN EN 61511 errichtet ist,
- der PEN-Leiter sowie die Sternpunktnachbildung den zu erwartenden Kurzschlussstrom führen können und den mechanischen und thermischen Beanspruchungen standhalten,
- der PEN-Leiter ausschließlich fest installiert ist,
- der PEN-Leiter einen Leiterquerschnitt von mindestens 10 mm^2 (Kupfer) oder 16 mm^2 (Aluminium) aufweist,
- eine allpolige Trennung zum Netz vorhanden ist.

3.8 Arbeitsschutz in Batterieräumen

Bei Arbeiten im Batterieraum und an Batterien können Elektrolyte austreten. Diese können starke Verätzungen von Haut und Augen verursachen. Im Batterieraum ist deshalb in greifbarer Nähe der Batterien ein Wasseranschluss oder ein Wasservorrat vorzusehen, um sich von Elektrolyten zu reinigen. Neben den Unfallverhütungsvorschriften sind die Herstellervorgaben der Batterien zu beachten. Die Informationen sind aus den Batteriedatenblättern zu entnehmen. Vor Beginn der Arbeiten hat sich das Wartungs- und Instandhaltungspersonal z. B. im Rahmen einer Last Minute Risk Analyse (LMRA) mit den Gegebenheiten vertraut zu machen. Es ist bei Arbeiten im Batterieraum und an den Batterien in greifbarer Nähe eine Handaugendusche (Augenspritzer) vorzuhalten.

Zudem ist in der Nähe ein Wasseranschluss oder ein ausreichender Wasservorrat vorzusehen. Gelangt Elektrolyt in die Augen, sind diese mindestens 15 min zu spülen. Es ist in jedem Fall umgehend ein Arzt hinzuzuziehen.

Gelangt bei Arbeiten Elektrolyt auf die Haut, sind die betroffenen Stellen sofort mit Wasser oder neutralisierenden, wässrigen Lösungen auszuwaschen. Bei anhaltender Hautreizung ist ein Arzt hinzuzuziehen.

Der Batterieraum ist hinsichtlich des Arbeitsschutzes mit geeigneten Vorkehrungen auszustatten und das Personal durch Informationen in die Lage zu versetzen, diese sicher anzuwenden:

- Es ist eine Hinweistafel „Erste Hilfe im Notfall" mit eingetragenen Kontaktdaten von Ersthelfer, Ort und dem nächstgelegenen Krankenhaus anzubringen.
- Es ist ein(e) Augenspritzer/Augendusche im Raum vorzuhalten, den/die das Personal in greifbarer Nähe zum Arbeitsort mitführen kann.
- Es ist ein Wasseranschluss oder ein ausreichender Wasservorrat in der Nähe vorzusehen.
- Es ist eine Hinweistafel zum Umgang mit Augenduschen/Augenspritzern anzubringen.
- Die zusammen mit den Batterien ausgelieferten Gebrauchsanleitungen bzw. Batteriedatenblätter sind im Raum vorzuhalten und müssen dem Personal zugänglich sein. Es müssen folgende Angaben enthalten sein:
  - Name des Herstellers oder Lieferanten,
  - Typbezeichnung des Herstellers oder des Lieferanten,
  - Nennspannung der Batterie,
  - Nennkapazität oder Bemessungskapazität der Batterie mit Angabe der Entladezeit,
  - Name des Errichters,
  - Datum der Inbetriebnahme,
  - Hinweise auf Sicherheitsempfehlungen, Bedienung und Wartung,
  - Informationen zur Entsorgung und Wiederaufarbeitung.

Werkzeuge und Kleidung

Bei Arbeiten in Batterieräumen können durch elektrostatische Ausgleichsvorgänge zwischen aufgeladener Kleidung bei Berührung leitender Teile Funken entstehen. Liegt die Wasserstoff-Sauerstoff-Konzentration innerhalb der unteren und oberen Explosionsgrenze, können diese Funken das Gemisch zünden. Es kommt zur Explosion.

Bei Arbeiten kann der erforderliche Sicherheitsabstand zu den Batterien nicht eingehalten werden. Der Armbereich beträgt 1,25 m. Der einzuhaltende Abstand ist anzugeben.

Beim Arbeiten in Batterieräumen ist darauf zu achten, dass keine Kleidungsstücke getragen werden, die sich elektrostatisch aufladen sollte elektrostatisch ableitfähiges Schuhwerk getragen werden.

Für Reinigungszwecke dürfen ausschließlich mit Wasser befeuchtete Reinigungstücher verwendet werden. Reinigungsmittel können zu elektrostatischer Aufladung führen und sind demnach unzulässig.

Das verwendete Werkzeug und die Hilfsmittel müssen gegen Korrosion widerstandsfähig sein oder dagegen geschützt werden.

Werkzeuge für Wartungen, wie Trichter, Hydrometer, Thermometer, die mit Elektrolyten in Berührung kommen, sind eindeutig den Blei- oder NiCd-Batterien zuzuordnen und dürfen nicht anderweitig verwendet werden.

4 Der Prüfbericht

Nach der Prüfung einer PV- oder Speicheranlage muss ein Prüfbericht erstellt werden. Im Prüfbericht muss der Umfang der Prüfung zusammen mit den Aufzeichnungen über das Besichtigen und den Ergebnissen von Erproben und Messen enthalten sein. Es sind alle Fehler bzw. alle festgestellten Abweichungen von den aufgeführten Bewertungskriterien als „Mangel" aufzulisten. Bei Erstprüfungen von Erweiterungen oder Änderungen bestehender Anlagen dürfen im Prüfbericht auch Empfehlungen für angemessene Reparaturen und Verbesserungen aufgenommen werden.
Im Wesentlichen müssen bei Erst- und Wiederholungsprüfungen nach DIN VDE 0100-600 und DIN VDE 0105-100 folgende Angaben enthalten sein:

Allgemeine Angaben

- Name und Anschrift des Auftraggebers
- Name und Anschrift des Auftragnehmers
- Bezeichnung der einzelnen Prüfprotokolle für die Dokumentation von Messwerten, z. B. Prüfprotokoll-Nr., Auftragsnummer, Bereich, Verteilerbezeichnung etc. (falls erforderlich)
- Bezeichnung des Prüfgegenstands: Anlagenbezeichnung, Gebäude, Gebäudebereich, Verteilerbezeichnung, Stromkreise. Die Bezeichnung des Prüfgegenstands und der geprüften Stromkreise mit deren Bezeichnungen und zugehörigen Schutzeinrichtungen müssen ersichtlich sein
- Die verwendeten Mess- und Prüfgeräte

Bewertung der Prüfung

Es sind alle beim Besichtigen, Erproben und Messen ermittelten Informationen sowie die Ergebnisse von Berechnungen vom Prüfer zu bewerten. Diese Bewertung ist das Ergebnis der Prüfung. Die Dokumentation beinhaltet die für die Bewertung relevanten Messwerte. Es sind auch Messwerte zu dokumentieren, die die Normenanforderungen erfüllen, jedoch von den zu erwartenden Werten abweichen.

Angaben zum Prüfer

- Prüfstelle, Prüfer
- erforderlichenfalls Anerkennungs- und Befähigungsnachweis (z. B. Anerkennungsnummer)
- Datum
- Unterschrift

4.1 Allgemeine Angaben

4.1.1 Gegenstand der Prüfung

Der Gegenstand der Prüfung beschreibt die zu prüfende ortsfeste elektrische Anlage. Einfach ausgedrückt wird beschrieben, „was geprüft wird“. Der Prüfgegenstand kann sich von der gesamten elektrischen Anlage bis hin zu einzelnen Stromkreisen erstrecken. Wird in einem Prüfbericht nichts angegeben, sollte der Prüfer den Umfang der Anlage genau beschreiben, da sonst möglicherweise eine vollumfängliche Prüfung des Standorts suggeriert wird. Aus diesem Grund sollte der Prüfer genau beschreiben, welche Bereiche oder Anlagenteile geprüft werden.

Wird nur ein Teil der elektrischen Anlage geprüft, handelt es sich um eine *Teilprüfung*. Die Teilprüfung kann räumliche Einschränkungen beinhalten oder sich auf bestimmte elektrische Anlagen im Gebäude beschränken. Hierzu sollte der Prüfer im Prüfbericht räumliche oder anlagentechnische Einschränkungen klar mit z. B. der Zwischenüberschrift „nicht geprüfte Bereiche“ bezeichnen. Bei der Beschreibung sollten die normativen Begriffe des Abschnitts *Prüfgrundlage* (Abschnitt 4.1.2) verwendet werden.

Beispiel: Gegenstand der Prüfung

- Photovoltaik-Stromversorgungssystem auf dem Gebäude XY mit/ohne Hauptverteilung
- Photovoltaik-Stromversorgungssystem ohne Speicher gemäß DIN VDE 0100-712

In jedem Fall ist darauf zu achten, dass der Gegenstand klar gegenüber anderen Anlagen, Anlagenteilen und Bereichen abgegrenzt ist und sich gleichzeitig der Dokumentationsaufwand in

Grenzen hält. Als Möglichkeiten haben sich zum Beispiel folgende Angaben zur eindeutigen Identifizierung des Prüfgegenstands bewährt:

- Bereichs- oder Raumbezeichnung in Übereinstimmung mit den Übersichtsplänen oder Flucht- und Rettungsplänen,
- Zählernummern mit Ortsbezeichnung,
- Registriernummer bei der Bundesnetzagentur (bei Erzeugungsanlagen/PV-Anlagen oder Ladesystemen für E-Fahrzeuge),
- Verteilerbezeichnungen mit oder ohne Stromkreise.

In der Praxis hat sich die Beschreibung und Eingrenzung des Prüfgegenstands anhand der Übersichtpläne und Strangschemata als sinnvoll erwiesen. Da während des Betriebs der Betreiber die Räume und Orte umbenennen kann, sollte hier ein eindeutiger Bezug zu den zum Zeitpunkt der Prüfung gültigen Raumbezeichnungen im Prüfbericht vermerkt werden.

Beispiel: Ortsbezeichnungen

Die Bezeichnung der Räume und Standorte erfolgt in Anhang A zum Befundschein gemäß der folgenden örtlichen Gebäude-, Raum- und Anlagenbezeichnungen:

- Bezeichnung der Örtlichkeiten wurde dem Sachverständigen durch die Begleitperson benannt
- Übersichtplan/Werksübersicht
- die zum Zeitpunkt der Prüfung vorgefundenen Raum- und Anlagenbezeichnungen
- Ortsbezeichnungen der Flucht- und Rettungspläne
- Luftbild (z. B. Google Maps)

Bei übersichtlichen Anlagen empfiehlt es sich, den Übersichtsplan des Gebäudes bzw. des Gebäudeabschnitts im Anhang beizufügen. Bei größeren Anlagen hat sich das Strangschema als Anlage bewährt.

4.1.2 Prüfgrundlage

Aus dem Prüfbericht sollte die Prüfgrundlage ersichtlich sein. Sie stellt den Anlass der Prüfung dar. Bei Erstprüfungen nach DIN VDE 0100-600 leitet sich die Prüfgrundlage aus dem Nachweis der Errichtung der elektrischen Anlagen nach den anerkannten Regeln der Technik, insbesondere aus den zutreffenden Teilen der DIN VDE 0100-Reihe auf Grundlage §49 EnWG ab. Die Prüfung dient dem Nachweis des Errichters.

Prüfungen elektrischer Anlagen müssen nach VDE 0105-100 Absatz 5.3.3 in geeigneten Zeitabständen durchgeführt werden. Zweck dieser Prüfungen ist der Nachweis, dass die elektrische Anlage den Sicherheitsvorschriften und den Errichternormen entspricht.

Die Zeitspanne zwischen wiederkehrenden Prüfungen kann zum Beispiel durch gesetzliche oder andere nationale Bestimmungen (z. B. berufsgenossenschaftliche Bestimmungen) festgelegt werden. Die Häufigkeit der wiederkehrenden Prüfungen hat der Betreiber festzulegen. Es können auch Prüfintervalle auf Grundlage gesetzlicher oder anderer nationalen Bestimmungen (z. B. berufsgenossenschaftliche Bestimmungen) sowie auf Grundlage zusätzlicher privatrechtlicher Prüfgrundlagen (z. B. Prüfung nach VdS 2871) festgelegt werden.

Beispiel: Prüfgrundlagen

- Kundenauftrag
- Prüfung vor Inbetriebnahme
- Abnahmeprüfung für die unter Abschnitt „Umfang und Durchführung der Prüfung“ beschriebenen Bereiche
- Abnahmeprüfung gemäß DIN 18382-2 (VOB/C) Abs. 3.4
- DGUV Vorschrift 3 § 5 Prüfung in regelmäßigen Zeitabständen
- DGUV Vorschrift 4 § 5 Prüfung in regelmäßigen Zeitabständen
- DGUV Vorschrift 3 § 5 Prüfung vor Inbetriebnahme
- DGUV Vorschrift 4 § 5 Prüfung vor Inbetriebnahme
- Prüfung gemäß Auftrag in dem unter Abschnitt „Umfang und Durchführung der Prüfung“ beschriebenen Umfang
- Erstprüfung nach Errichtung gemäß DIN VDE 0100-600
- Erstprüfung nach Änderung/Erweiterung gemäß DIN VDE 0100-600

- Wiederkehrende Prüfung gemäß DIN VDE 0105-100/A1 zur Feststellung des ordnungsgemäßen Zustands nach DIN VDE 0105-100 Abs. 5.3
- Prüfung nach Mängelbeseitigung – Vorbericht
- Baubegleitende Begutachtung

4.1.3 Umfang der Prüfung

Seit Anwendungsbeginn der VDE-AR-N 4100 werden elektrische Anlagen gemäß Definition nach DIN VDE 0100-200 als „Kundenanlage" bezeichnet. Diese umfasst das Hauptstromversorgungssystem, also den ungezählten Bereich, und die Anschlussnutzeranlagen. Daher ist es für den Gegenstand der Prüfung aus Gründen der Verwechslung und möglicher Schnittmengen zu anderen Errichterfirmen wichtig, die Bereiche sauber voneinander zu trennen.

Der Umfang einer Prüfung sollte grundsätzlich vom Prüfer eindeutig beschrieben sein. Dies umfasst die Beschreibung der durchgeführten Prüfschritte sowie die betrachteten Aspekte im Rahmen der Prüfung. In diesem Abschnitt können optional auch die bei der Prüfung begleitenden Personen gelistet werden. Werden keine Vorlagen verwendet, sollte der Prüfungsumfang genau beschrieben sein. Werden keine vollumfänglichen Messungen an allen Stromkreisen durchgeführt, sollte im Prüfungsumfang darauf hingewiesen werden.

Prüfungen sind reine Feststellungen von Abweichungen der aufgeführten Bewertungskriterien. Eine Prüfung ist demnach weder eine Fehleranalyse noch eine Planung von Maßnahmen zur Mängelbeseitigung.

Grundsätzlich sollte insbesondere bei Teilprüfungen und Prüfungen einzelner Bereiche der Prüfbericht nicht den Anschein einer vollumfänglichen Prüfung vermitteln. Hier ist beim Berichtstitel und bei der Beschreibung des Prüfungsumfangs darauf zu achten, dass Prüfungen von eingeschränkten oder (Teil-)Bereichen klar beschrieben sind. Die Beschreibung der nicht geprüften Bereiche und Aspekte ist genauso wichtig wie die Beschreibung des Prüfungsumfangs.

Es sollte auch klar beschrieben sein, welche Themen (z.B. baurechtliche Anforderungen) und Bereiche zum Zeitpunkt der Prüfung nicht zugänglich waren bzw. aus betrieblichen Gründen nicht geprüft bzw. abgeschaltet werden konnten. Folgende Bereiche können nicht immer besichtigt werden und sollten entsprechend vom Prüfungsumfang ausgenommen werden:

- Gebäudepotentialausgleich
- Teile des inneren Blitzschutzes
- äußerer Blitzschutz
- Fundamenterder
- Kabel und Leitungen in Zwischendecken und nicht zugänglichen Schächten

Beispiel: Umgang und Durchführung

Die Prüfung erfolgte im Beisein folgender Begleitperson(en):

____

Beispiel: Geprüfte Bereiche und Anlagenteile

Die Prüfung/Begutachtung umfasst folgende Bereiche der allgemeinen Stromversorgung, einschließlich Hauptverteilung, Unterverteilungen, Kabel- und Leitungsanlagen:

- Kundenanlage Bereich: __________
- Anschlussnutzeranlage Bereich: __________
- Anschlussnutzeranlage Bereich: __________ sowie die von der Änderung/Erweiterung betroffenen Anlagenteile des Hauptstromversorgungssystems
- Elektrische Anlage am o. a. Standort gemäß den im Umfang festgelegten Bereichen
- Photovoltaik-Stromversorgungssystem und die von der Erweiterung betroffenen Bereiche der Kundenanlage
- Teilprüfung der elektrischen Anlage: __________
- Bereiche: __________
- Verteiler: __________
- Kabel- und Leitungsanlage in den Bereichen: __________
- ...

Beispiel: Nicht geprüfte bzw. nicht zugängliche Bereiche und Anlagenteile Zum Zeitpunkt der Prüfung konnten folgende Anlagen bzw. Anlagenteile nicht besichtigt werden:

- Bereich/Raum/Anlagenteil: ________
- Bereich/Raum/Anlagenteil: ________
- ...

Beispiel: Abgeschaltete bzw. stillgelegte Anlagenteile
Zum Zeitpunkt der Prüfung befanden sich folgende Anlagenteile im Umbau bzw. waren nicht in Betrieb:

- Bereich/Raum/Anlagenteil: ________
- Bereich/Raum/Anlagenteil: ________
- ...

Die zum Zeitpunkt der Prüfung unzugänglichen, außer Betrieb genommenen Bereiche und Anlagenteile, die nicht im Prüfungsumfang gelisteten Bereiche sowie Kabel und Leitungen in Zwischendecken und verschlossenen Kanälen sind im Prüfungsumfang ausgenommen.
Nicht bewertet wurden

- die Wirksamkeit des Gebäudepotentialausgleich,
- baurechtliche Anforderungen,
- Spannungsfall in Verteiler- und Endstromkreisen nach DIN VDE 0100-520 und
- die Wirksamkeit des äußeren Blitzschutzes.

Verteilerabdeckungen aus Metall und Abdeckungen von Stromschienen wurden vom Sachverständigen aus Arbeitsschutzgründen nicht entfernt und sind demnach, sofern sie nicht von der Begleitperson geöffnet wurden und im Prüfungsumfang explizit genannt sind, aus dem Prüfungsumfang ausgenommen.

Beispiel: Durchgeführte Prüfungen
Im Einzelnen wurden folgende Prüfungen durchgeführt:

- Sichtprüfung der Installationen und der Schaltanlagen,
- Messung von Schleifenwiderständen und Innenwiderständen an Schuko-Steckdosen (Stichproben),
- Messung von Isolationswiderständen in Endstromkreisen (Stichproben),

- Funktionsprüfungen von RCDs (Stichproben),
- Funktionsprüfungen von Schutzeinrichtungen, Betätigungselementen (z. B. Not-Aus) und Sicherheitsfunktionen (Stichproben),
- Prüfung der Wirksamkeit der Schutzmaßnahmen gegen elektrischen Schlag gemäß DIN VDE 0105-100 Abs. 5.3.101 (Stichproben),
- Vollständigkeit und Ausführung der Übersichtspläne, der Bedienungsanleitung, der Beschreibung der Anlage sowie der sonstigen Dokumentation nach DIN VDE 0100-520 Abs. 514.5 auf Plausibilität und Vollständigkeit, sofern zum Zeitpunkt der Prüfung verfügbar,
- Temperaturmessungen wurden an neuralgischen Punkten der elektrischen Anlage stichprobenartig vorgenommen,
- Messungen und Erprobungen konnten ausschließlich in dem Umfang durchgeführt werden, wie die Stromkreise zum Zeitpunkt der Prüfung aus betrieblichen Gründen abgeschaltet werden konnten.

Ebenso sind Abweichungen von normativen Vorgaben im Prüfbericht zu vermerken. Beispielsweise ist der Isolationswiderstand bei wiederkehrenden Prüfungen immer wieder ein Diskussionspunkt. Der Isolationswiderstand kann während des Betriebs aufgrund von Überspannungs-Schutzeinrichtungen, angeschlossenen Betriebsmitteln etc. beeinträchtigt werden. Die Vorgabe der Isolationswiderstände von mindestens 1 MΩ im Rahmen der Erstprüfung sollte trotz der geringeren Mindestwerte bei wiederkehrenden Prüfungen nicht unterschritten werden.

Beispiel: Abweichung von normativen Vorgaben

Isolationswiderstände unter 1 MΩ, die die normativen Anforderungen gemäß DIN VDE 0105-100/A1 noch erfüllen, aber auffällig von anderen Werten abweichen, werden im Rahmen von wiederkehrenden Prüfungen als Hinweis aufgeführt.

Es wird darauf hingewiesen, dass Isolationswiderstände unter 1 MΩ gemäß DIN VDE 0105-100 Abs. 5.3.3.101.3.3 die normativen Grenzwerte einhalten. Je nach Anlagengröße und Komplexität ist die Bewertung der angeschlossenen Betriebsmittel nicht möglich, so dass die Abweichungenauch auf die angeschlossenen Verbrauchsmittel zurückgeführt werden können.

Genauso wichtig wie die Beschreibung des Prüfumfangs ist der Ausschluss von Prüfungen. Grundsätzlich ist bei Teilprüfungen oder nicht vollumfänglichen Prüfungen darauf zu achten, dass anhand des Prüfberichts keine vollumfängliche Prüfung suggeriert wird. Hier sollte bereits aus der ersten Seite (Deckblatt) des Prüfberichts der Umfang ersichtlich sein. Unter Abschnitt „Umgang und Durchführung" sollte eine genaue Beschreibung der ausgeschlossenen Aspekte gelistet sein.

Beispiel: Ausschluss von Aspekten aus dem Prüfumfang
Nicht im Prüfungsumfang enthalten sind folgende Aspekte:

- Kabel- und Leitungsverlegung in den Zwischendecken, geschotteten Kabelkanälen und -schächten und in unzugänglichen Bereichen,
- Wirksamkeit der Erdungsanlage nach DIN 18014 und DIN VDE 0100-540,
- Beurteilung des Spannungsfalls der End- und Verteilerstromkreise nach DIN VDE 0100-520, NAV und VDE-AR-N 4100,
- innerer und äußerer Blitz- und Überspannungsschutz (wenn vorhanden),
- Beurteilung der Energieeffizienz nach DIN VDE 0100-801, 1.1 Allgemeine Angaben 23
- baurechtliche Anforderungen (z. B. Brandschutzkonzept),
- Anforderungen an den Funktionserhalt,
- Genehmigungsverfahren,
- nicht im Prüfungsumfang aufgeführte Bereiche und Teile der elektrischen Anlage,
- Sicherheitsbeleuchtung (wenn vorhanden),
- …

Beispiel: Ausschluss von Prüfungen an ortsveränderlichen Betriebsmitteln und Maschinen

- Die Prüfung umfasst auftragsgemäß nicht die ortsveränderlichen elektrischen Betriebsmittel, Verlängerungs- und Geräteanschlussleitungen mit ihren Steckvorrichtungen. Es wird darauf hingewiesen, dass entsprechend der Unfallverhütungsvorschrift DGUV Vorschrift 3 diese Betriebsmittel zu prüfen sind.

- Die Prüfung umfasst nicht die ortsveränderlichen elektrischen Betriebsmittel, Verlängerungs- und Geräteanschlussleitungen mit Steckvorrichtung.
- Die Prüfung umfasst nicht die vom Betreiber/Gebäudenutzer aufgestellten und betriebenen Geräte, Maschinen, Arbeitsmittel und Serverschränke.

Wer als Prüfer oder Sachverständiger auftritt, sollte sich im Prüfbericht von einer Planung klar abgrenzen. Es sind nur Abweichungen festzustellen, ohne zwingend Lösungsvorschläge aufzuführen. Allerdings ist es gerade bei Prüfdienstleistern auch aufgrund der Kundenorientierung nicht immer möglich, Mangelfeststellung und mögliche Abhilfemaßnahmen im Feststellungsteil eines Prüfberichts zu trennen. Damit sich ein Prüfer durch die Feststellung nicht in die Rolle eines Planers und somit in die Haftung einer Planung begibt, sollte im Prüfungsumfang darauf hingewiesen werden, dass es sich bei Anmerkungen zur Mängelbeseitigung weder um eine ordentliche Planung noch um die kostengünstigste Möglichkeit handelt und dass diese Anmerkung weder eine ordentliche Planung ersetzt noch die wirtschaftlichste Lösung darstellt.

Beispiel: Ausschluss von Planungsleitungen im Rahmen der Prüfung
Dieser Prüfbericht enthält Anmerkungen zur Mängelbeseitigung. Diese Anmerkungen stellen lediglich eine Möglichkeit dar, den Mangel 24 abzustellen. Es muss sich dabei nicht um die wirtschaftlichste Lösung handeln. In jedem Fall ersetzen diese Anmerkungen keine ordentliche Planung.

4.2 Die Bewertungskriterien

Die bei einer Prüfung zugezogenen Bewertungskriterien stellen den Sollzustand dar. Stellt der Prüfer eine Abweichung hiervon fest, stellt dies im Rahmen der Prüfung einen Mangel dar.

Als Bewertungskriterien sind die zutreffenden Normen, TRBS, technischen Regelwerke und Richtlinien sowie weitere Dokumente wie Gefährdungsbeurteilungen, Brandschutzkonzepte etc. hinzuzuziehen. Bewertungskriterien können zudem aus privatrechtlichen Vereinbarungen resultieren, z.B. VOB, AMEV, Leistungsverzeichnisse etc.
Abweichungen zwischen Bewertungskriterium und der Ausführung stellen einen Mangel dar. Während Normen, Richtlinien und Vorschriften die Umsetzung von Schutzzielen festlegen, können privatrechtliche Vereinbarungen darüber hinaus spezifische Leistungsmerkmale, wie die Verwendung von Betriebsmitteln bestimmter Hersteller, eine erweiterte Dokumentation, zusätzliche Spezifikationen an die Funktion und Ausführung sowie weitere Prüfschritte erfordern.

Beispiel: Abweichungsvereinbarung
Zum Zeitpunkt der Begutachtung lagen keine Planungsanforderungen vor. / Folgende Planungsanforderungen lagen dem Sachverständigen zum Zeitpunkt der Prüfung vor und werden im Rahmen der Prüfung berücksichtigt. Festgestellte Abweichungen gegenüber den folgenden Planungsanforderungen werden als Sachmangel (S) gekennzeichnet:

- DIN 18015-1 „Elektrische Anlagen in Wohngebäuden – Teil 1: Planungsgrundlagen“
- AMEV ELT Anlagen 2020 „Planung und Bau von elektrischen Anlagen in öffentlichen Gebäuden“
- Vertraglich festgelegte Anforderungen
- DIN 18382-2 (VOB/C) Abs. 3.4
- …

Gegenüber den zutreffenden Planungsnormen lagen dem Sachverständigen folgende Abweichungsvereinbarungen vor:
1.2 Die Bewertungskriterien 25

- Abweichung 1
- Abweichung 2
- …

Bei festgestellten Abweichungen gegenüber Planungsnormen und Planungsgrundsätzen kommt es nach Begutachtungen und Abnahmen durch Sachverständige immer wieder zu Diskussionen über die Legitimation der festgestellten Mängel. Der Sachverständige/Prüfer hat vor einer Prüfung/Begutachtung den Prüfungsumfang und die hinzuzuziehenden Bewertungskriterien mit den Parteien oder dem Auftraggeber zu klären.

In der Praxis liegen jedoch bis zur Mangelfeststellung keine genauen Informationen zur Planung vor. Lag zum Zeitpunkt der Prüfung keine Abweichungsvereinbarung vor, sollte dies im Prüfbericht dokumentiert sein. Grund ist hier, dass sich der Sachverständige/Prüfer nicht unnötig in die Haftung für nicht gerechtfertigt festgestellte Mängel begibt.

Beispiel: Abweichungsvereinbarung

Gegenüber den zutreffenden Planungsnormen und Anforderungen lagen dem Sachverständigen keine Abweichungsvereinbarungen vor.

Bei der Auflistung der Bewertungskriterien im Prüfbericht ist darauf zu achten, dass ausschließlich jene aufgeführt sind, die auch wirklich im Rahmen einer Prüfung betrachtet wurden. Werden ganze Normen und Regelwerke aufgelistet, sind auch alle dort enthaltenen Abweichungen als Mangel festzustellen. Hier empfiehlt es sich, auch einzelne Auszüge und Absätze der zutreffenden Bewertungskriterien aufzulisten. Der Prüfer/Sachverständige sollte auch auf die Ausgaben der Normen hinweisen. Werden alle Normen in der derzeit gültigen Fassung hinzugezogen, ist ein Hinweis auf die Verwendung der aktuell gültigen Fassungen ausreichend. Anhand des Datums der Prüfung kann so eindeutig Bezug zu den Ausgaben der Normen hergestellt werden.

Nicht eindeutig ist der Bezug bei Normen, bei denen bereits eine aktuelle Ausgabe angewendet werden kann, die Übergangsfrist zur Vorgängerausgabe aber noch besteht. In diesen Fällen ist die Ausgabe der zutreffenden Norm in den Bewertungskriterien zu benennen.

Gleiches gilt, wenn im Rahmen von Gutachten die Frage nach der regelkonformen Errichtung gestellt wird. In diesen Fällen sind die zum Errichtungszeitpunkt gültigen Normen zu benennen. In den meisten Fällen kann eine Auflistung der Normen und Regelwerke nur mit hohem Aufwand vollständig geleistet werden. Entsprechend würde bei Nennung aller Normen der Dokumentationsaufwand nicht im Aufwand-Nutzen-Verhältnis stehen. Werden Mängel gegenüber nicht gelisteten Bewertungskriterien festgestellt und dokumentiert, sollte ein Verweis auf die hinzugezogenen Normen im Mangeltext vorgenommen werden (siehe Beispiel).

Beispiel: Angabe von Bewertungskriterien (Auswahl)

Bewertungskriterien

- DIN VDE 0100-410 Errichtung elektrischer Anlagen: Schutzmaßnahmen – Schutz gegen elektrischen Schlag
- DIN VDE 0100-430 Errichten von Niederspannungsanlagen: Schutzmaßnahmen – Schutz bei Überstrom
- DIN VDE 0100-510 Errichten von Niederspannungsanlagen: Auswahl und Errichtung elektrischer Betriebsmittel – Allgemeine Bestimmungen
- DIN VDE 0100-520 Errichten von Niederspannungsanlagen: Auswahl und Errichtung elektrischer Betriebsmittel – Kabel- und Leitungsanlagen
- DIN VDE 0100-540 Errichten von Niederspannungsanlagen: Auswahl und Errichtung elektrischer Betriebsmittel – Erdungsanlagen und Schutzleiter
- DIN VDE 0100-600 Errichten von Niederspannungsanlagen: Prüfungen
- DIN VDE 0105-100 Betrieb elektrischer Anlagen – Teil 100: Allgemeine Festlegungen
- DIN VDE 0105-100/A1 Betrieb elektrischer Anlagen – Teil 100: Allgemeine Festlegungen Änderung A1: Wiederkehrende Prüfungen
- DIN VDE 0298-4 Verwendung von Kabeln und isolierten Leitungen für Starkstromanlagen
- DIN EN 50274 (VDE 0660-514) Niederspannungs-Schaltgerätekombinationen Schutz gegen elektrischen Schlag – Schutz gegen unabsichtliches direktes Berühren gefährlicher aktiver Teile

- DIN VDE 0660-600-1 (und zutreffende Teile) Niederspannung-Schaltgerätekombinationen, sowie zutreffende Teile

Die genannten Bewertungskriterien wurden im Rahmen der Prüfung in der derzeit gültigen Fassung herangezogen. Weitere Bewertungskriterien, Normen und Regelwerke werden im Mangeltext zitiert.

4.3 Unterlagen

Ist im Prüfungsumfang die Beurteilung von Inhalten externer Prüfprotokolle, Schaltungsunterlagen, spezifischer Herstellerangaben, Prüfbescheinigungen etc. enthalten, sind diese Gegenstand der Bewertung und somit als Bewertungskriterium aufzuführen. Dabei kann es sich um folgende Dokumente handeln:

- Errichterbescheinigungen,
- Herstellerangaben bzw. Auszüge aus der Montage- und Bedienungsanleitung,
- Konformitätserklärungen,
- Stückprüfungsprotokolle,
- Schaltungsunterlagen,
- Übersichtspläne,
- Baugenehmigungen (sofern erforderlich),
- Brandschutzkonzept,
- Verwendbarkeitsnachweise (DIBt-Zulassungen).

Je nach Art und Gegenstand der Prüfung gibt es hier erhebliche Unterschiede in Art und Umfang der Dokumente und Nachweise. Der genaue Umfang der erforderlichen Dokumente ergibt sich aus der Prüfgrundlage und dem festgelegten Umfang.

Art und Umfang der erforderlichen Dokumente und Prüfberichte sind vom Prüfer mit den Auftraggebern im Rahmen des Prüfauftrags zu klären. Hierzu sind u. a. folgende Anforderungen zu beachten:

- DIN VDE 0100-600,
- DIN VDE 0105-100/A1,
- DIN 18015-1,
- AMEV ELT Anlagen 2020,

- vertraglich festgelegte Anforderungen,
- DIN 18382-2 (VOB/C) Abs. 3.4,
- Auflagen der Sachversicherer.

4.3.1 Messgeräte

Die verwendeten Mess- und Prüfgeräte sind im Prüfbericht aufzuführen. Die Aufführung des Messgeräts dient der Nachvollziehbarkeit der Messwerte und des genutzten Messgeräts. Hier sollte eine direkte Zuordnung des Messgeräts z. B. über die Inventarnummer und/oder den Kalibrierschein enthalten sein.

Beispiel: Messgeräte und Prüfmittel

- Installationsmessgeräte nach DIN VDE 0413 Teile -2, bis -7: Benning IT 120 B, SN: 12270169, Kalibrierschein-Nr. 273 977, 18.06.2021
- Stromzange mit Maximalwertspeicher und Echt-Effektiv-Messung (TRMS) nach DIN VDE 0411-2-32: Testo 770-3 SN: 0000834 0590 7703
- Infrarot-Kamera, FLIR C3, SN: 720131059

In der Praxis hat sich aus Gründen der Nachverfolgbarkeit die Zuordnung zu firmeninternen Prüfmittelverwaltungssystemen bewährt. Firmen mit eigenen QM-Systemen können beispielsweise die Zuordnung der Mess- und Prüfmittel über eine firmeninterne Datenbank den einzelnen Prüfern zuordnen. Hier reicht ein Verweis im Prüfbericht aus. Ebenso bietet sich an, die Kalibrierscheine und Prüfmittellisten über eine geschützte Internetquelle zugänglich zu machen. Hierfür kann beispielsweise ein QR-Code im Prüfbericht eingefügt werden.

4.3.2 Messwerte

Gemäß DIN VDE 0100-600 Anhang NA ist die Aufnahme einzelner Messwerte im Prüfbericht nicht erforderlich. Dieser Umstand führt in der Praxis immer wieder zu regen Diskussionen. Grundsätzlich ist aber festzuhalten, dass die Ergebnisse im Prüfbericht nachvollziehbar sein müssen. Die Bescheinigung des Prüfers, dass alles in Ordnung ist, reicht somit nicht aus. Zudem sind im Rahmen der Feststellung des ordnungsgemäßen Zustands nach DIN VDE 0105-100/A1 auch Veränderungen des Zustands einer elektrischen Anlage z. B. über Veränderung des Isolationswiderstands, Änderungen der Schleifen- und Innenwiderstände, Zustand der Schutzeinrichtungen etc. festzustellen. Ohne Messwerte lassen sich Veränderungen allerdings nicht feststellen.

Bei Prüfungen und Begutachtungen unterscheiden sich die Umfänge je nach Art der Prüfung, wodurch sich im Rahmen der Prüfungen die Spannweite der durchgeführten Messungen von null bis hin zur vollumfänglichen Messung erstreckt.

Selbstredend ist im Rahmen der Erstprüfung ein vollumfängliches Messprotokoll zu erstellen. Diese Prüfung erlaubt keine Stichproben. Hierzu empfiehlt es sich, die Vorlagen vom ZVEH oder gleichwertige Dokumente zu verwenden.

Bei Abnahmeprüfungen und Begutachtung von Sachverständigen werden in der Regel keine vollumfänglichen Messungen durchgeführt. Liegen geeignete Messprotokolle vor, kann der Sachverständige sich auf die Messwerte stützen. Der Umfang der Messungen in Stichproben obliegt dann dem Sachverständigen. Zur Beurteilung der Sachverhalte bezieht sich demnach der Sachverständige auf die Messergebnisse des Errichters oder des Betreibers.

Im Prüfbericht bzw. im Gutachten bei Abnahmen sollten die vorhandenen Protokolle angegeben werden, auf die sich der Prüfer/Sachverständige stützt. Hierzu muss jedes Protokoll eindeutig dem Anlagenteil zugeordnet werden können.

Macht sich der Prüfer fremde Messergebnisse für die Bewertung zu eigen, sollten diese Messprotokolle im Prüfbericht unter Abschnitt „Messwerte“ aufgelistet werden. Wichtig ist hier, dass aus dem Prüfbericht die Quellen ersichtlich sind.

Beispiel: Quellangabe Messprotokoll

Im Rahmen der Prüfung/Begutachtung lagen dem Sachverständigen/Prüfer folgende Messprotokolle vor:

- Messprotokoll: ________, Datum: _____, Seitenzahl: _______
- Messprotokoll: ________, Datum: _____, Seitenzahl: _______
- …

Zudem sollte ein Haftungsausschluss über die Richtigkeit der Messergebnisse im Prüfbericht/Gutachten enthalten sein.

Beispiel: Haftungsausschluss
Die vorliegenden Messprotokolle wurden vom Prüfer/Sachverständigen nicht durch eigene vollumfängliche Messungen überprüft.
Messwerte aus den vorliegenden Messprotokollen wurden vom Sachverständigen/Prüfer für geeignet befunden und werden im Rahmen der Prüfung zur Bewertung hinzugezogen.
Im Rahmen der Begutachtung wurden die unter Abschnitt „Technische Beschreibung" gelisteten Messprotokolle beurteilt.

Werden stichprobenartig Messungen durchgeführt, sollten diese vom Prüfer/Sachverständigen aus Gründen der Nachvollziehbarkeit dokumentiert werden.
Unter der Voraussetzung, dass geeignete Messprotokolle vorliegen und keine weiteren Anforderungen entgegenstehen, sollten bei Gutachten und Sachverständigenabnahmen mindestens die gemessenen Stromkreise dokumentiert werden. Weichen die Messwerte nicht oder nicht erheblich von dem vorliegenden Messprotokoll ab, ist die Dokumentation der Messwerte nicht zwingend erforderlich.
In der Praxis eignet sich hier eine Tabelle im Prüfbericht des Sachverständigen, die sich auf die vorhandenen Messprotokolle bezieht (**Tabelle 4.1**).

Beispiel: Messwerttabelle
Die Tabelle 4.1 dokumentiert die im Rahmen der Prüfung durchgeführten Messungen. Die dort gelisteten Messergebnisse dienen ausschließlich dem Zweck der Dokumentation der Prüfung. Diese Tabelle stellt kein vollständiges Messprotokoll gemäß den Mindestangaben an einen Prüfbericht gemäß DIN VDE 0100-600 und DIN VDE 0105-100 Anhang NA (informativ) dar.

Der Prüfer/Sachverständige hat grundsätzlich die Messwerte auf Plausibilität zu prüfen. Weichen diese erheblich voneinander ab, ist dies als Abweichung im Prüfbericht zu dokumentieren. Werden keine Messungen durchgeführt, ist das ebenso zu dokumentieren.

Stromkreis		Leitung/ Kabel		Überstrom-schutz[2]			Z_i/Z_s-Messung		Isolation[3] 500 V	Fehlerstrom-Schutz-einrichtung (RCD)		
Nr.[1]	Bezeichnung[1]	Typ	S in mm^2	Art	I_n in A	Typ	Z_i/Z_s in Ω	I_K in A	R_{iso}	$I_{\Delta.Mess}/I_{\Delta N}$ in mA/mA	t_a (1x/5x $I_{\Delta N}$) in ms/(1x/5x)	U_L in V

1 Stromkreis-Nr. und Bezeichnung des Stromkreises bzw. der Verteilung
2 Überstromschutz: Art = Art der Schutzeinrichtungen (LS: Leitungsschutzschalter, FI-LS: kombinierter LS-Schalter mit integrierter RCD; ÜSE: Überstromschutzeinrichtungen: Schmelzsicherung, Typ: LS-Schalter: B, C, K etc.; Schmelzsicherungen: gG, gL etc.
3 Prüfgleichspannung: 500 V, sofern nicht anders angegeben

Tabelle 4.1 Messwerttabelle für allgemeine elektrische Anlagen

Beispiel: Dokumentation zu Messungen
Messwerte werden nur aufgeführt, wenn unzulässige Abweichungen vom Sollwert festgestellt werden.
Es wurden im Rahmen der Begutachtung keine Messungen durchgeführt.

4.4 Mängel und Hinweise

Feststellungen, die von den aufgeführten Bewertungskriterien abweichen, sind als Mangel aufzuführen. Die Mangeleinstufung ist vom Prüfer unter Berücksichtigung der zutreffenden Regelwerke vorzunehmen. Bei Erstprüfungen elektrischer Anlagen bei Neuerrichtung sowie bei Erweiterung und Änderung bestehender Anlagen dürfen zusätzliche Empfehlungen für angemessene Reparaturen und Verbesserungen enthalten sein.
Grundsätzlich ist zwischen „Mangel“ und „Hinweis“ im Prüfbericht zu unterscheiden. Während ein Mangel eine klare Abweichung von einem Bewertungskriterium ist, hat ein Hinweis einen rein informativen Charakter.

4.4.1 Mängel

Ein Mangel muss klar einem Anlagenteil und einem objektiv belegbaren Sachverhalt zugeordnet werden können. Hier hat der Prüfer den Ort, den Anlagenteil und die entsprechende Feststellung klar zu beschreiben. In der Beschreibung der Feststellung ist in der Regel keine Wertung zum Sachverhalt enthalten. Bei Prüfungen und Abnahmen ist dies in der Regel für die Vorgehensweise der Prüfung/Begutachtung nicht relevant. Bei Gerichtsgutachten führt hingegen eine Wertung bei Beschreibung des Sachverhalts zur Anfechtbarkeit eines Gutachtens, da hier Feststellungsteil und Bewertung klar voneinander zu trennen sind.
Da Abnahmen und Prüfungen im Sinne der DIN VDE 0100-600 und DIN VDE 0105-100/A1 nicht an Laien adressiert sind, erweist sich die Auflistung der Mängel mit der direkten Wertung in tabellarischer Form als praktikabel.
Neben der reinen Feststellung in Textform sollte der Mangel auch durch ein Foto dokumentiert sein. Erforderlichenfalls kann zur besseren und eindeutigen Zuordnung die Feststellung auch im Foto markiert werden. Im Beispiel (**Tabelle 4.2**) wird im ersten Satz ausschließlich die Feststellung beschrieben.
Im nächsten Schritt der Mängelbeschreibung erfolgt die Wertung. Die Wertung bezieht sich klar auf das zutreffende Schutzziel. Im Beispiel bezieht sich die Bewertung auf die unzureichende IP-Schutzart des Betriebsmittels. Hier wird bereits eine Wertung ohne Angabe einer Quelle hinsichtlich des Sachverhalts vorgenommen. Durch direktes oder indirektes Zitat der Norm wird die Feststellung und Aussage mit dem zutreffenden Bewertungskriterium verknüpft. Durch Nennung der normativen Anforderung ist auch klar beschrieben, dass die offene Leitungseinführung aus Sicht des Betriebsmittelherstellers und damit von der bestimmungsgemäßen Verwendung und den Umgebungsbedingungen abweicht.
Der letzte Absatz beschreibt eine Maßnahme, mit der der Mangel abgestellt werden kann. Allerdings sollte man als externer Prüfer und Sachverständiger solche Aussagen als eine Möglichkeit deklarieren. Die Festlegung von Maßnahmen sowie das Vorschreiben

von bestimmten Produkten würde der Neutralität des Prüfers/ Sachverständigen entgegenstehen und sind demnach unzulässig.

Beispiel: Mängelbeschreibung

Lfd-Nr.	Gebäude/ Bereich/Anlage	Mängelbeschreibung	Einstufung
1	Werkstatt/ Dreherei/ hinter Fräsmaschine	Die nicht benutzten Leitungseinführungen des Betriebsmittels (Abzweigdose) sind nicht verschlossen.  Die vom Hersteller ausgewiesene IP-Schutzart des Betriebsmittels ist demnach beeinträchtigt. Nach DIN VDE 0100-520 Absatz 522.6.4 muss die Schutzart der Betriebsmittel nach Einführung der Kabel oder Leitungen erhalten bleiben. Gemäß DIN VDE 0100-420 sind in Räumen / an Orten mit leitfähigen Stäuben (feuergefährdete Betriebsstätte) die Betriebsmittel entsprechend der Schutzart IP6X zu verschließen. Die offenen Leitungseinführungen sind demnach mit geeigneten Maßnahmen (z.B. Blindverschraubungen) zur Herstellung der Schutzart von mindestens IP6X zu verschließen.	E

Tabelle 4.2 Beispiel einer tabellarischen Mängeldokumentation

Die Mängel sind entsprechend ihrer damit verbundenen Risiken vom Prüfer einzustufen. In der Praxis hat sich eine dreistufige Mangelklassifikation in folgende Stufen bewährt:

- geringfügiger Mangel,
- erheblicher Mangel,
- gefährlicher Mangel.

Hierzu sind im Prüfbericht die Einstufung der Mängel und evtl. die Abkürzungen zu beschreiben.

- Als „geringfügig“ gelten in der Regel Mängel, die von den zutreffenden Errichtungsbestimmungen abweichen und keine unmittelbare Gefährdung auf lange Sicht hervorrufen.

- „Erhebliche“ Mängel können zu einer Gefährdung führen, sie sind schnellstmöglich abzustellen.
- „Gefährliche“ Mängel sind grundsätzlich Mängel, die zu einer direkten oder indirekten Gefährdung von Personen, Nutztieren oder Sachgütern führen können.

Die genaue Einstufung obliegt grundsätzlich dem Prüfer/Sachverständigen.

4.4.2 Hinweise

Hinweise können optional im Prüfbericht aufgeführt werden. Als Hinweise gelten in der Regel in Prüfberichten dokumentierte Sachverhalte, die nicht im festgelegten Prüfungsumfang enthalten sind oder nicht Gegenstand der ausgeführten Bewertungskriterien oder Prüfnormen sind. Typischerweise handelt es sich bei solchen Hinweisen um offensichtliche Gefahrenquellen, z.B. Absturz- und Stolperstellen sowie fehlende Schutzgitter etc., die durch Umsichtigkeit erkannt werden können.

Hinweise können Betreiber auch auf erforderliche technische oder organisatorische Maßnahmen im Rahmen der Betreiberpflichten aufmerksam machen, z.B.

- regelmäßiges Erproben der Testtaste von RCDs,
- nächste wiederkehrende Prüfung,
- weitere erforderliche Prüfungen (z.B. Maschinenschaltschränke, Blitzschutz, PV-Anlagen etc.),
- weitere Anforderungen durch Querschnittsthemen (baulicher Brandschutz etc.), sofern diese nicht im Prüfungsumfang enthalten sind,
- informative Hinweise, z.B. zur Mängelbeseitigung bei mehrfach sich wiederholenden Mängeln,
- Hinweise zu weiteren Prüfungen, etwa
  - VdS SK 2602, DGUV Vorschrift 3/4,
  - Prüfung ortsveränderlicher Geräte,
  - Prüfung der Feuerlöscher,
  - Prüfung der FSA etc.,
- Erfordernis einer Anpassung bzw. Erweiterung der Gefährdungsbeurteilung,

- offensichtlich festgestellte Nutzungsänderungen von Bereichen.

Hinweise ersetzen keine Mängel! In der Praxis kommt es häufig vor, dass Prüfer und Sachverständige fälschlicherweise offensichtliche und eindeutig den Bewertungskriterien zuzuordnende Mängel als „Hinweise und Bemerkungen" im Prüfbericht aufführen.

Anhang

Typische Mängel an PV-Anlagen

Die folgenden Praxisbeispiele sollen einen Überblick über typische Mängel an PV-Anlagen geben.

Dokumentationen und Prüfprotokolle

Systemdokumentation und Prüfprotokolle fehlen	**Zum Zeitpunkt der Begutachtung lag keine Systemdokumentation vor.** Nach DIN VDE 0100-100 Abs. 132.13 muss für jede elektrische Anlage eine geeignete Dokumentation mitgeliefert werden. Das Vorhandensein von Schaltungsunterlagen sowie deren Übereinstimmung mit den eingebauten elektrischen Betriebsmitteln ist im Rahmen der Erstprüfung durch den Errichter gemäß DIN VDE 0100-600 Abs. 6.4.2.2.3 i) zu überprüfen. Darüber hinaus ist im Rahmen der Erstprüfung gemäß DIN VDE 0100-600 Abs. 6.4.2 durch Besichtigen festzustellen, dass die elektrischen Betriebsmittel der elektrischen Anlage den zutreffenden Betriebsmittelnormen entsprechen. Die Dokumentation ist die Grundlage für die Durchführung einer Erstprüfung nach DIN VDE 0100-600. Diese Erstprüfung dient gemäß DIN VDE 0100-600 Abs. 6.4.1.3 dem Vergleich ihrer Ergebnisse mit den geltenden Bestimmungen und der Erfüllung der zutreffenden Anforderungen der DIN VDE 0100-Reihe. PV-Stromversorgungsysteme fallen in den Anwendungsbereich der Errichtungsnorm DIN VDE 0100-712. Gemäß DIN VDE 0100-712 Abs. 712.6 sind die zusätzlichen Anforderungen der DIN VDE 0126-23-1 für die Systemdokumentation, Inbetriebnahme, Prüfung und Besichtigung zu beachten. **Die Systemdokumentation ist Bestandteil der regelkonformen Errichtung.** **Ohne sie kann der Sachverständige keine Abnahmeempfehlung aussprechen.**
Systemdokumentation unvollständig	**Zum Zeitpunkt der Begutachtung lag keine vollständige Systemdokumentation vor.** Nach DIN VDE 0126-23-1 Abs. 4 sind u.a. für Photovoltaik-(PV)-Stromversorgungssysteme folgende Protokolle und Unterlagen vom Systementwickler (Anlagenerrichter) zu erbringen: – Errichterbescheinigung nach DGUV Vorschrift 3 – grundlegende Systemdaten (Bemessungsleistung, WR-Konzept etc.) – Messprotokolle nach DIN VDE 0100-600 – Messprotokolle und Prüfbericht nach DIN VDE 0126-23-1 – Konformitätsnachweise der Niederspannungs-Schaltgerätekombinationen (Verteiler) gemäß 2014/35/EU (Niederspannungsrichtlinie) mit Nachweis der Übereinstimmung der zutreffenden normativen Anforderung gemäß DIN VDE 0660-600-1/-2 bzw. /-3 (Stückprüfungsprotokoll) – Schaltungsunterlagen der Wechselspannungsseite – Schaltungsunterlagen der Gleichspannungsseite – Dachbelegungspläne der PV-Teilgeneratorfelder – Angaben zur Erdung des PV-Generators – Nachweis über die bestimmungsgemäße Montage der Unterkonstruktion – Nachweis über die Dachstatik (falls erforderlich) – Datenblätter der PV-Module, Datenblätter der Wechselrichter – Montage- und Bedienungsanleitung der Wechselrichter – Herstellererklärungen der Steckverbinder und der Leitungen – Angaben zu Auslegung der Montagekonstruktion **Das Vorhandensein der Datenblätter sowie der Montage- und Bedienungsanleitungen entbindet nicht von der Anfertigung von ordentlichen Mess- und Prüfprotokollen.**

Prüfberichte der DC-Seite fehlen	Zum Zeitpunkt der Begutachtung lag keine Prüfbescheinigung über die Gleichspannungsseite gemäß DIN VDE 0126-23-1 vor. Es ist ein Bericht über Erst- und Wiederholungsprüfungen auszustellen. Die erforderlichen Angaben und Musterprotokolle sind zum Beispiel aus der Musterprüfbescheinigung nach DIN VDE 0126-23-1 Anhang zu entnehmen. Bis zum Nachweis und der Dokumentation einer ordentlichen Erstprüfung nach DIN VDE 0126-23-1 sind die Schutzmaßnahmen gegen elektrischen Schlag nach DIN VDE 0100-410 als unwirksam zu betrachten.
Typenschildangaben auf Schaltgerätekombination unvollständig und nicht bei geschlossener Tür lesbar 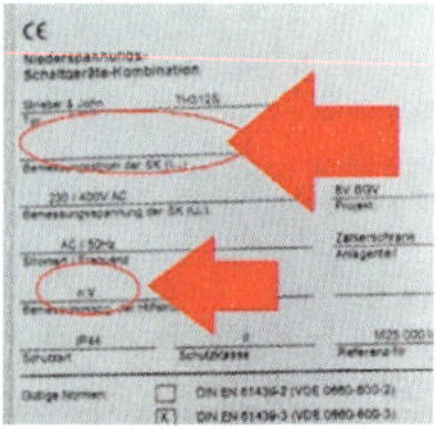	**Die Angaben auf dem Typenschild der Niederspannungs-Schaltgerätekombination sind unvollständig. Das Typenschild ist von außen bei geschlossener Türe nicht lesbar.** Nach Niederspannungsrichtlinie (Richtlinie 2014/35/EU) müssen elektrische Betriebsmittel, darunter auch Niederspannungs-Schaltgerätekombinationen, unter Einhaltung der Schutzziele nach Anhang I in den Verkehr gebracht werden. Hierzu sind zudem die Anforderungen der EMV-Richtlinie 2014/30/EU zu beachten. Nach 2014/35/EU Abs. 4.4 sind vom Hersteller folgende Unterlagen und Kennzeichnungen zu erbringen: – Anbringung einer CE-Kennzeichnung – Anbringung eines Typenschilds gemäß DIN VDE 0660-600-1 – Ausstellung einer EU-Konformitätserklärung – Erstellung der erforderlichen Unterlagen (Schaltungsunterlagen, Stücklisten, Konstruktionszeichnungen) Nach DIN EN 61439-1 Abs. 6 sind Niederspannungs-Schaltgerätekombinationen mit einem Typenschild zu versehen. Dieses enthält: – Namen des Herstellers der SK – Typenbezeichnung bzw. eine Referenz-Nr. – Herstellerdatum – Bemessungsstrom der Schaltgerätekombination I_{nA} – Bemessungsspannung der Schaltgerätekombination U_n – Bemessungsfrequenz der Schaltgerätekombination f_n – Herstellungsnormen IEC 61439-X (der zutreffende Teil „X“ ist anzugeben) Die Kennzeichnung ist dauerhaft anzubringen. Diese muss ohne Öffnen der Schaltgerätekombination lesbar sein. [vgl. DIN VDE 0660-600-1, RL: 2014/35/EU]

Bemessungsausschaltvermögen der Schalt- und Schutzeinrichtungen fehlt 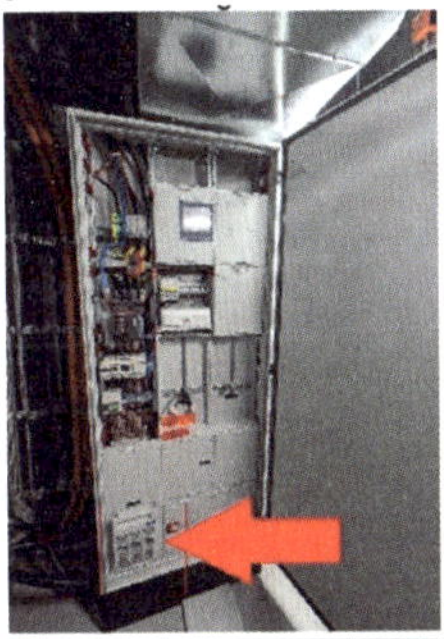 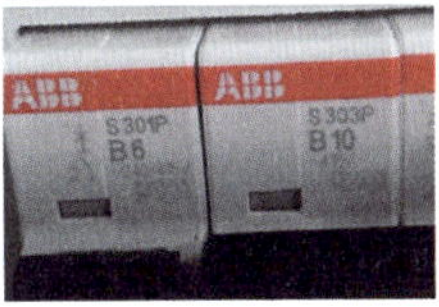 	**Zum Zeitpunkt der Begutachtung liegen keine Angaben und Berechnungen der zu erwartenden Fehler- und Kurzschlussströme der PV-Wechselstromhauptleitung zwischen Transformator und Schaltgerätekombination vor.** Innerhalb der Schaltgerätekombination sind Schalt- und Schutzgeräte mit unterschiedlichem Bemessungsausschaltvermögen angeschlossen. Es sind folgende Betriebsmittel eingebaut: – NA-Schutz / 25 kA – Messtechnik / 10 kA – Überstrom-Schutzeinrichtungen / 6 kA Gemäß Aussage des Betreibers wird die elektrische Anlage über einen Transformator mit einer Bemessungsscheinleitung von 2.250 kVA und einer relativen Kurzschlussspannung von 6 % gespeist. Im Fehlerfalle (Kurzschluss, Erdschluss, Körperschluss) wird bei netzgekoppelten Erzeugungsanlagen vom allgemeinen Stromversorgungsnetz die Fehlerstelle gespeist. **Berechnung des Kurzschlussstroms am Anfang des Transformators** *Eingaben / Kennwerte:* – Bemessungsscheinleitung des Transformators: $S_n = 2.500$ kVA – relative Kurzschlussspannung: $u_k = 6$ % – Nennspannung: $U_n = 400$ V *Berechnung des Nennstroms:* Der Nennstrom des Transformators wird wie folgt berechnet: $I_N = \frac{S_n}{\sqrt{3} \cdot S_n}$ $I_N = \frac{2.500 \text{ kVA}}{\sqrt{3} \cdot 400 \text{ V}}$ $\mathbf{I_N = 3.608{,}44\ A}$ *Berechnung des Kurzschlussstroms am Anfang des Transformators:* Der Kurzschlussstrom am Anfang des Transformators wird wie folgt berechnet: $I_K = \frac{I_N}{u_k} \cdot 100\ \%$ $\mathbf{I_K = 60{,}14\ kA}$ Es ist der rechnerische Nachweis über den maximalen Kurzschlussstrom am Ende der Leitung (Anschlussstellen des PV-Schranks) zu erbringen. Sofern dieser über dem Bemessungsausschaltvermögen der Schalt- und Schutzgeräte liegt, sind diese nicht gemäß den zu erwartenden Kurzschlussströmen ausgewählt. **Der Sachverhalt ist zu klären.**
fehlender Nachweis der fachgerechten Befestigung des PV-Generators 	**Zum Zeitpunkt der Begutachtung lag dem Sachverständigen kein Ballastierungsplan vor.** Die Ballastierungssteine liegen teilweise auf dem Kabeltragsystemen auf. Dies kann die sichere Befestigung aufgrund unzureichender Kraftübertragung auf die Montageschienen der PV-Teilgeneratorfelder beeinträchtigen. Gemäß DIN VDE 0100-100 Abs. 134 sind elektrische Betriebsmittel sowie die Kabel- und Leitungsanlage mit geeigneten Befestigungsmitteln gemäß den Herstellervorgaben zu befestigen. Die Ballastierung der PV-Montagekonstruktion ist demnach Bestandteil der Kabel- und Leitungsanlage. **Der Nachweis ist z. B. mit einem Dachbelegungsplan und, sofern erforderlich, anhand einer Windlastberechnung zu erbringen.**

Leitungsverlegung und Anschlüsse (allgemein)

gegenseitige Beeinflussungen innerhalb des Verteilers 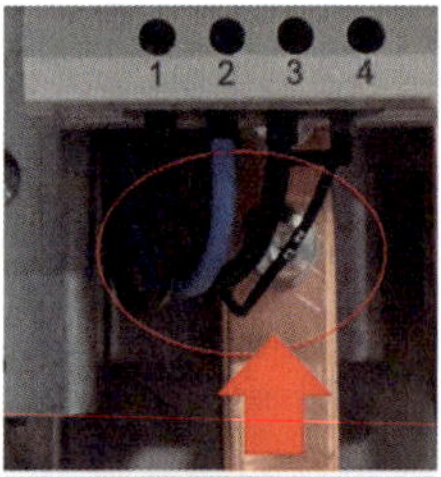 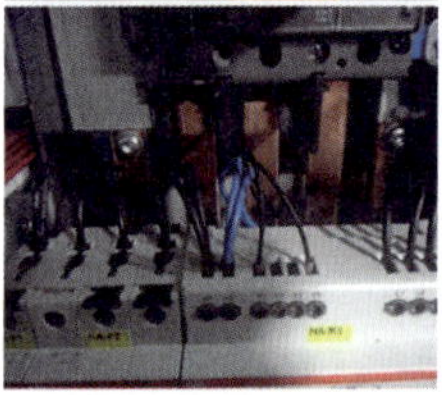	**Die Leiter der Hilfs- und Messstromkreise und des Hauptstromkreises (Stromschiene) sind in nicht geeigneter Weise verlegt, als dass eine Berührung zwischen den basisisolierten Leiter der internen Verdrahtung mit den nicht isolierten Stromschienen des Hauptstromkreises verhindert würde.** Gemäß DIN VDE 0660-600-1 Abs. 10.4 muss nachgewiesen werden, dass die Luft- und Kriechstrecken in Abhängigkeit von der Bemessungsstoßspannung den nach DIN VDE 0660-600-1 Tabelle 4 angegebenen Mindestabständen entsprechen. **Die Berührung der basisisolierten Leiter mit den Stromschienen kann die Isolationseigenschaften der Hauptstromkreise (Luftisolierung) beeinträchtigen.** Die durch die Luftstrecken isolierten Leiter des Hauptstromkreises und die an den Stromschienen verlegten basisisolierten Leiter der Hilfsstromkreise bieten keinen ausreichenden Schutz durch doppelte oder verstärkte Isolierung zwischen dem Hauptstromkreis und den Hilfsstromkreisen. [vgl. DIN VDE 0100-410, DIN VDE 0660-600-1]
Trennung von Haupt- und Hilfsstromkreisen  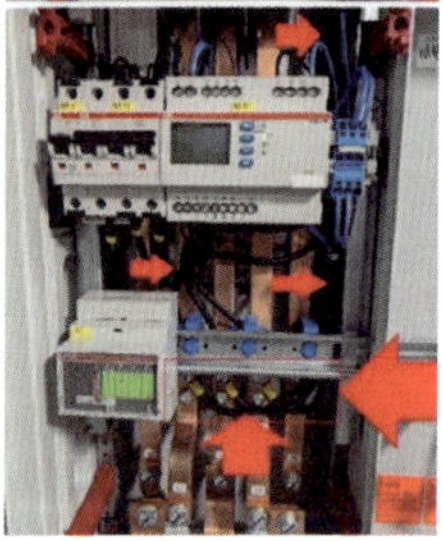	**Die erd- und Kurzschlusssicher verlegten Leiter sind nicht auf direktem Wege zu den Anschlussstellen geführt. Die Leiter liegen direkt an den Stromschienen an.** Nach DIN VDE 0100-520 Abs. 521.11 gilt eine Anordnung aus Einzelleitern (blank oder isoliert) als kurzschluss- und erdschlusssicher verlegt, wenn eine gegenseitige Berührung und eine Berührung mit geerdeten Teilen verhindert wird und durch äußere Einflüsse kein Kurzschluss zu erwarten ist. Dies ist zu erreichen durch – Verlegung mit ausreichenden Ausständen zueinander und gegenüber anderen Stromkreisen durch Abstandshalter oder räumliche Trennung; – Führen der Leitungen in getrennten/separaten Elektroinstallationskanälen oder getrennten Installationsrohren. [vgl. DIN VDE 0100-520]

Leitungsverlegung unter mechanischer Beanspruchung 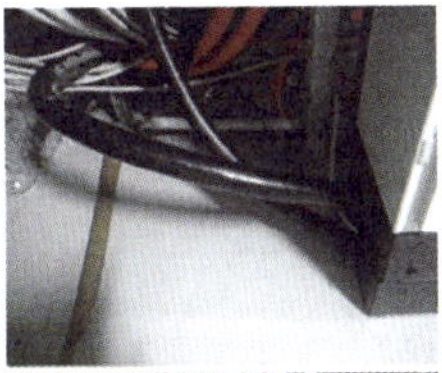 	**Die Befestigungen der Kabel und Leitungen sind unzureichend. Zudem sind die auf Bodenhöhe verlegten Leitungen der PV-Wechselstromhauptleitungen unzureichend gegen mechanische Beanspruchung geschützt.** Nach DIN VDE 0100-520 Abs. 522 müssen die Verlegeart und die Befestigungsmittel so ausgewählt werden, dass der Schutz gegen die zu erwarteten Umgebungseinflüsse in allen zugehörigen Teilen der Kabel- und Leitungsanlage sichergestellt ist. Hierbei sind die Auswahl und Ausführung der Befestigungsmittel zu berücksichtigen. **Die Befestigung mit Kabelbindern stellt keine geeignete Befestigungsmethode dar.** Die losen Leitungen sind fachgerecht mit geeigneten Befestigungsmitteln zu befestigen. Nach DIN VDE 0100-520 Abs. 522.6 kann durch einen zusätzlichen mechanischen Schutz (z.B. eine mechanische Umwehrung) ein geeigneter Schutz sichergestellt werden. **Es wird darauf hingewiesen, dass mechanische Beanspruchungen der Leitungen direkt auf die Klemmverbindungen übertragen werden. Diese können sich mit der Zeit lösen.** [vgl. DIN VDE 0100-520]
Leitungen unzureichend gegen Zugbeanspruchung geschützt 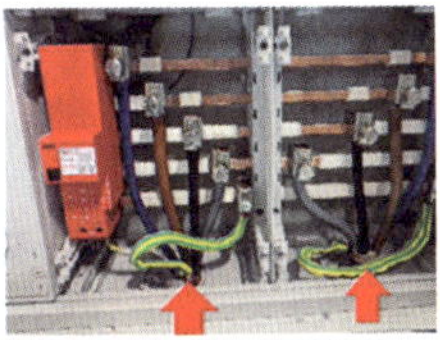 	**Die von außen in die Niederspannungs-Schaltgerätekombination eingeführten Leitungen sind unzureichend gegen Zugbeanspruchung unmittelbar nach Einführung in das Betriebsmittel/Verteiler geschützt.** Nach DIN VDE 0100-520 Abs. 522.8.5 sind Kabel und Leitungen mit geeigneten Befestigungsmitteln gegen Zugbeanspruchung zu schützen. Wenn die Kabel- und Leitungsanlage einer andauernden Zugbeanspruchung unterworfen ist (z. B. durch ihr eigenes Gewicht bei senkrechter Verlegung), müssen Kabel- oder Leitungsbauart, Querschnitt und Befestigungsart dazu geeignet sein, eine Beschädigung der Leitungen oder Kabel durch übermäßige Zugbeanspruchung zu vermeiden. Die Kabel und Leitungen sind demnach z. B. mit Bügelschellen an einer C-Profilschiene zu befestigen und/oder mit geeigneten Kabelverschraubungen an der Einführstelle in eine Niederspannungs-Schaltgerätekombination bzw. ein Gehäuse zu befestigen. Die Anforderungen an die IP-Schutzart sind hierbei zu beachten.
ungeeignete Auswahl der Befestigungsmittel 	**Die Befestigungsschelle (Schraubrohrschelle Stahl verzinkt mit Gummieinlage) ist augenscheinlich nicht für die Befestigung von Kabeln und Leitungen geeignet.** Nach DIN VDE 0100-100 Abs. 134.1 müssen elektrische Anlagen fachgerecht von geeignetem qualifiziertem Personal und unter Verwendung von geeignetem Material errichtet werden. Der Nachweis über die bestimmungsgemäße Verwendung ist zu erbringen. Andernfalls ist das Befestigungsmittel gegen ein geeignetes Befestigungsmittel zu ersetzen. **Anmerkung: Rohrschellen schließen eine Verwendung als Kabel- und Leitungsbefestigung auch aufgrund der Größe und der damit unzureichenden Zugentlastung aus. Die Rohrschellen sind gegen geeignete Befestigungsmittel zu tauschen.** [vgl. DIN VDE 0100-100, DIN VDE 0100-520]

<table>
<tr>
<td>zulässige Leitungsbefestigungs-abstände überschritten
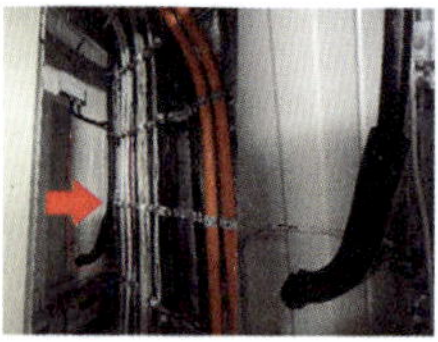</td>
<td>Die höchstzulässigen Montageabstände der Befestigungsmittel der Kabel und Leitungen sind augenscheinlich überschritten.
Nach DIN VDE 0100-520 Abs. 521.10.3 dürfen, sofern der Hersteller keine abweichenden Angaben macht, die folgenden maximalen Abstände der Befestigungsmittel nicht unterschritten werden:
<table>
<tr><th rowspan="2">Außendurchmesser (D) der Leitungen in mm</th><th colspan="2">maximale Abstände der Befestigung in mm</th></tr>
<tr><th>waagerecht</th><th>senkrecht</th></tr>
<tr><td>≤ 9</td><td>250</td><td>400</td></tr>
<tr><td>10 … 15</td><td>300</td><td>400</td></tr>
<tr><td>16 … 20</td><td>350</td><td>450</td></tr>
</table>
[vgl. DIN VDE 0100-520 Abs. 521, DIN VDE 0298-565-1]</td>
</tr>
<tr>
<td>beschädigte Leitungen

</td>
<td>Der Leitungsmantel ist beschädigt.
Der Schutz gegen direktes Berühren sowie der Schutz durch äußere Einflüsse sind beeinträchtigt. Das Betriebsmittel ist möglicherweise in der sicheren und bestimmungsgemäßen Funktion beeinträchtigt.
[vgl. DIN VDE 0105-100]</td>
</tr>
<tr>
<td>NH-Sicherungen und Trennstellen paralleler Stromkreise

</td>
<td>Die Griffe der parallel geschalteten NH-Sicherungseinsätze verfügen nicht über eine feste Verbindung.
Dadurch wird beim Freischalten einer Überstrom-Schutzeinrichtung der zweite parallel geschaltete Zweig mit freigeschaltet.
Aufgrund des Zusammenführens der parallel geschalteten Leiter auf der Lastseite (an den Kabeln angeschlossener Verteilerstromkreis) liegt an den Abgangsklemmen Netzspannung an.
Die NH-Sicherungsgriffe sind demnach zu verbinden, so dass bei Abschalten eines parallel geschalteten Zweigs die weiteren parallel geschalteten Zweige mit abgeschaltet werden.
[vgl. DIN VDE 0100-430]</td>
</tr>
</table>

scharfkantige Leitungsverlegung  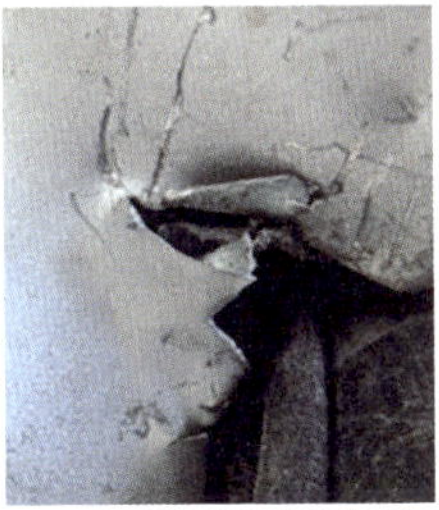	**Die Kabel und Leitungen sind aufgrund der Leitungsführung über scharfkantige Bleche und Profilschienen unzureichend gegen mechanische Beschädigungen geschützt.** Nach DIN VDE 0100-520 Abs. 522.8.11 darf Kabel- und Leitungszubehör keine scharfen Kanten haben, die die Kabel oder isolierten Leiter beschädigen können. **Der Mangel kann beispielsweise durch Anbringen eines geeigneten Kantenschutzes oder durch eine geeignete Kabel- und Leitungsführung abgestellt werden.**
Leitungsbefestigung mit Kabelbindern (Datenleitung) 	Die Leitung ist durch den Kabelbinder in ihrer bestimmungsgemäßen Funktion und der Schirmwirkung beeinträchtigt.

Gleichspannungsseite/Dach

Potentialausgleichsleiter nicht angeschlossen 	**Der PV-Generator bzw. die PV-Teilgeneratorfelder sind augenscheinlich nicht niederimpedant mit einer Erdungsschiene zwecks eines Funktionspotentialausgleichs verbunden.** Da der PV-Wechselrichter (trafoloser Wechselrichter) vor Zuschalten den Isolationswiderstand zwischen den Polen der PV-Stränge zum Erdpotential misst, ist die Einbindung der Montagekonstruktion in den Potentialausgleich erforderlich. Andernfalls würde die Isolationsmessung des PV-Wechselrichters im offenen Messkreis erfolgen; Isolationsfehler wären nicht detektierbar. Da die Montagekonstruktionen in den äußeren Blitzschutz eingebunden sind, besteht eine niederimpedante Verbindung zwischen Montagekonstruktion und Erdungsschiene des Gebäudes. Dadurch können Isolationsfehler detektiert werden. Es wird darauf hingewiesen, dass bei Änderung des äußeren Blitzschutzsystems die Messung des Isolationswiderstands des PV-Wechselrichters vor automatischer Zuschaltung unwirksam werden kann. Es wird deshalb empfohlen, die Montagekonstruktionen niederimpedant per Funktionspotentialausgleichsleiter mit der Erdungsschiene zu verbinden. **Anmerkung: Aus Gründen der Wartung und Instandhaltung wird empfohlen, die PV-Teilgeneratorfelder in einer Masche zu verbinden und am ersten und am letzten PV-Generatorfeld eine separate Leitung zum Funktionspotentialausgleich auf die Erdungsschiene zu führen**. [vgl. DIN VDE 0100-712, DIN VDE 0100-540]
Unterschreiten des erforderlichen Trennungsabstands zur äußeren Blitzschutzanlage  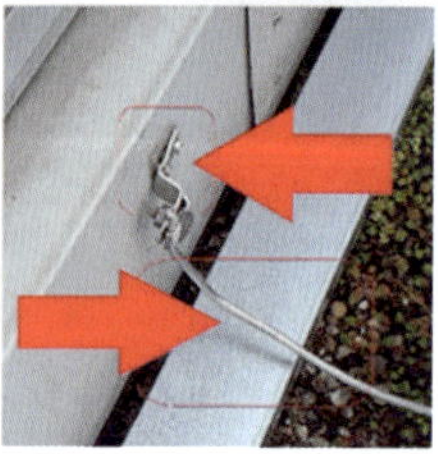	**Die Isolation (Trennungsabstand) zwischen der Ableitung und der Kabel- und Leitungsanlage ist augenscheinlich unterschritten.** Es besteht das Risiko einer Funkenbildung und Einkopplung einer Überspannung in die elektrische Anlage. Der Kabelkanal ist im äußeren Blitzschutzsystem blitzstromtragfähig einzubinden. [vgl. DIN VDE 0185-305-3, DIN VDE 0185-305-3- Bbl. 5]

lose Steckverbinder auf dem Dach 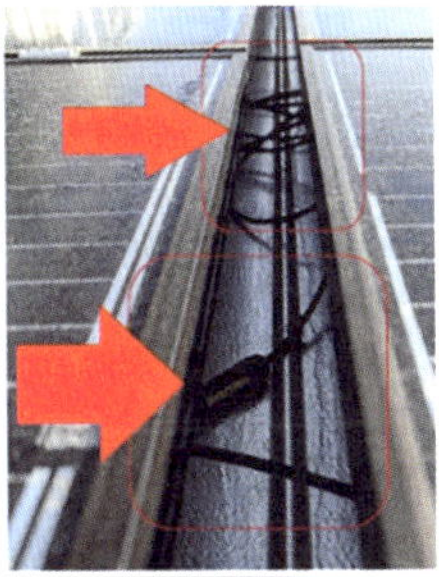 	**Die Gleichspannungsleitungen der Generatorfelder liegen auf der Dachoberfläche auf.** Nach DIN VDE 0100-712 Abs. 712.521 dürfen die Leitungen nicht direkt auf der Dachoberfläche aufliegen. Der Mantel der Strangleitung kann infolge von Wind / durch die Bewegung an scharfen Kanten o.ä. beschädigt werden. Nach DIN VDE 0100-520 Abs. 522.13 sind geeignete Maßnahmen nach den Absätzen 522.7 und 522.8 gegen Schwingungen und mechanische Beanspruchungen zu treffen. **Die Leitungen sind mit geeigneten Montagemitteln vom Dach zu trennen.**
Randverschmutzung auf den PV-Modulen 	**Die PV-Module weisen an den Unterkanten starke Randverschmutzungen auf.** Die Randverschmutzungen verursachen möglicherweise Teilverschattungen der PV-Module, so dass infolge dessen die Bypass-Diode des Sub-Strings beansprucht wird. Die erhöhte Beanspruchung der Bypass-Diode kann zu deren Ausfall und damit zum Ausfall der Schutzfunktion führen.
mangelnde Kennzeichnung und Zuordnung der DC-Leitungen 	**Die Stecker bzw. Kabelenden der PV-Strangleitungen sind nicht dauerhaft gekennzeichnet.** Die Zuordnung der PV-Stränge ist demnach nicht gegeben. Hinweis: Bei Wartungs- und Instandhaltungsarbeiten bzw. zu Prüfzecken ist beim Abziehen der PV-Stecker bzw. Lösen der Leiterverbindung die Zuordnung sicherzustellen.

DC-Steckverbinder sind für Laien zugänglich 	**Die Steckverbinder sind unzureichend gegen den Zugang für Laien geschützt.** Verbinder in Bereichen mit Zugänglichkeit für Personen, die keine Elektrofachkräfte oder elektrotechnisch unterwiesene Personen sind, müssen – von einer Bauart sein, dass sie nur mit Hilfe eines Schlüssels oder Werkzeugs gelöst werden können oder – in einem Gehäuse installiert sein, das nur mit Hilfe eines Schlüssels oder eines Werkzeugs geöffnet werden kann. [vgl. DIN VDE 0100-712 Abs. 712.523.101]
Eindringen von Nagetieren und Ungeziefer durch offene nicht verschlossene Leitungseinführungen 	**Der Schutz gegen Eindringen von Kleintieren und Ungeziefer ist unzureichend. Wenn erfahrungs- oder erwartungsgemäß Tiere Schäden hervorrufen können, muss die Kabel- und Leitungsanlage entsprechend ausgewählt werden oder es müssen besondere Schutzmaßnahmen vorgesehen sein.** Nach DIN VDE 0100-520 Abs. 522.10 sind folgende Maßnahme geeignet: – Kabel- und Leitungsanlage mit erhöhten mechanischen Eigenschaften – geeignete Auswahl des Verlegeorts – Anbringung einer zusätzlichen lokalen oder umfassenden mechanischen Umwehrung – eine Kombination der genannten Maßnahmen [vgl. DIN VDE 0100-520 Abs. 522.10]
unzureichender Trennungsabstand zur äußeren Blitzschutzanlage  	**Die Isolation (Trennungsabstand) zwischen der Masche und der Kabel- und Leitungsanlage ist augenscheinlich unterschritten.** Es besteht das Risiko einer Funkenbildung und Einkopplung einer Überspannung in die elektrischen Anlagen. Nach DIN VDE 0185-305-3 Beiblatt 5 ist die Montagekonstruktion des PV-Generators blitzstromtragfähig in den äußeren Blitzschutz einzubinden. Auf der Gleichspannungsseite sind gemäß DIN VDE 0185-305-3 Beiblatt 5 Überspannungsschutzgeräte vom Typ 1 erforderlich. Zur Vermeidung von Einkopplungen in die Kabel- und Leitungsanlagen im Gebäude wird empfohlen, die Trennungsabstände zwischen PV-Generator und äußerer Blitzschutzanlage herzustellen. Im Rahmen der Begutachtung wurde festgestellt, dass die Metallteile des PV-Generators (Kabelkanäle etc.) nicht mit dem Blitzschutz-Potentialausgleich verbunden sind. **Das äußere Blitzschutzsystem ist zu überarbeiten.**

Gefahr von induzierten Überspannungen aufgrund von Leiterschleifen 	**Der Schutz gegen induzierte Überspannungen ist aufgrund der Verlegung der PV-Strangkabel in Form von Leiterschleifen nicht gegeben.** Bei Leiterschleifen kann es aufgrund der aufgespannten Fläche in der Leiterschleife durch direkten oder indirekten Blitzeinschlag zur Spannungsinduktion auf den PV-Strängen kommen. Diese Überspannung kann Schäden an den Betriebsmitteln verursachen. Nach DIN VDE 0100-100 sind u. a. durch geeignete Verlegung Maßnahmen gegen Schäden infolge von Überspannungen vorzusehen. Eine Maßnahme ist, die Leiter möglichst eng beieinander zu führen und damit die Fläche für mögliche induzierten Spannungen kleinzuhalten.

Quellen- und Literaturverzeichnis

Quellen

1. Gesetz über die Durchführung von Maßnahmen des Arbeitsschutzes zur Verbesserung der Sicherheit und des Gesundheitsschutzes der Beschäftigten bei der Arbeit (Arbeitsschutzgesetz – ArbSchG)
2. Bürgerliches Gesetzbuch (BGB)
3. DGUV Vorschrift 3 mit Durchführungsanweisungen
4. DGUV Vorschrift 4 mit Durchführungsanweisungen
5. DIN EN 50618 VDE 0283-618:2015-11 Kabel und Leitungen – Leitungen für Photovoltaik-Systeme
6. DIN EN 62305-3 Beiblatt 5 VDE 0185-305-3 Beiblatt 5:2014-02 Blitzschutz, Teil 3: Schutz von baulichen Anlagen und Personen – Beiblatt 5: Blitz- und Überspannungsschutz für PV-Stromversorgungssysteme
7. DIN EN 62446-1 VDE 0126-23-1:2019-04 Photovoltaik (PV)-Systeme – Anforderungen an Prüfung, Dokumentation und Instandhaltung
8. DIN EN IEC 61557-4 VDE 0413-4:2022-12 Elektrische Sicherheit in Niederspannungsnetzen bis AC 1.000 V und DC 1.500 V – Geräte zum Prüfen, Messen oder Überwachen von Schutzmaßnahmen Teil 4: Widerstand von Erdungsleitern, Schutzleitern und Potentialausgleichsleitern
9. DIN VDE 0100-410:2018-10 Errichten von Niederspannungsanlagen Teil 4-41: Schutzmaßnahmen – Schutz gegen elektrischen Schlag
10. DIN VDE 0100-420:2022-06 Errichten von Niederspannungsanlagen Teil 4-42: Schutzmaßnahmen – Schutz gegen thermische Auswirkungen
11. DIN VDE 0100-430:2010-10 Errichten von Niederspannungsanlagen, Teil 4-43: Schutzmaßnahmen – Schutz bei Überstrom
12. DIN VDE 0100-520:2023-06 Errichten von Niederspannungsanlagen, Teil 5-52: Auswahl und Errichtung elektrischer Betriebsmittel – Kabel- und Leitungsanlagen
13. DIN VDE 0100-534:2016-10 Errichten von Niederspannungsanlagen, Teil 5-53: Auswahl und Errichtung elektrischer Betriebsmittel – Trennen, Schalten und Steuern – Abschnitt 534: Überspannungs-Schutzeinrichtungen (SPDs)

14. DIN VDE 0100-600:2017-06 Errichten von Niederspannungsanlagen, Teil 6: Prüfungen
15. DIN VDE 0100-712:2016-10 Errichten von Niederspannungsanlagen, Teil 7-712: Anforderungen für Betriebsstätten, Räume und Anlagen besonderer Art – Photovoltaik-(PV)-Stromversorgungssysteme
16. DIN VDE 0105-100:2009-10 Betrieb von elektrischen Anlagen – Teil 100: Allgemeine Festlegungen
17. DIN VDE 0298-4: 2023-06 Verwendung von Kabeln und isolierten Leitungen für Starkstromanlagen, Teil 4: Empfohlene Werte für die Strombelastbarkeit von Kabeln und Leitungen für feste Verlegung in und an Gebäuden und von flexiblen Leitungen
18. DIN VDE 0298-4: 2023-10 Berichtigung 1: Verwendung von Kabeln und isolierten Leitungen für Starkstromanlagen, Teil 4: Empfohlene Werte für die Strombelastbarkeit von Kabeln und Leitungen für feste Verlegung in und an Gebäuden und von flexiblen Leitungen; Berichtigung 1
19. DIN VDE 1000-10:2009-01 Anforderungen an die im Bereich der Elektrotechnik tätigen Personen
20. Muster-Richtlinie über brandschutztechnische Anforderungen an Leitungsanlagen (Muster-Leitungsanlagen-Richtlinie – MLAR)
21. TRBS 1201 Technische Regeln für Betriebssicherheit – Prüfungen von Arbeitsmitteln und überwachungsbedürftigen Anlagen; August 2012
22. TRBS 1203 Technische Regeln für Betriebssicherheit – Befähigte Personen; März 2010
23. VDE-AR-E 2100-712:2018-12 Maßnahmen für den DC-Bereich einer Photovoltaikanlage zum Einhalten der elektrischen Sicherheit im Falle einer Brandbekämpfung oder einer technischen Hilfeleistung
24. VDE-AR-E 2510-2:2021-02 Stationäre elektrische Energiespeichersysteme vorgesehen zum Anschluss an das Niederspannungsnetz
25. VDE-AR-E 2510-50:2017-05 Stationäre Energiespeichersysteme mit Lithium-Batterien – Sicherheitsanforderungen
26. VDE-AR-N 4100:2019-04 Technische Regeln für den Anschluss von Kundenanlagen an das Niederspannungsnetz und deren Betrieb (TAR Niederspannung)

27. VDE-AR-N 4100 Ber1 zur Anwendungsregel:2019-10 Technische Bedingungen für den Anschluss von Kundenanlagen an das Niederspannungsnetz und deren Betrieb (TAR Niederspannung); Berichtigung 1
28. VDE-AR-N 4100/A1 Anwendungsregel:2024-07 Technische Regeln für den Anschluss von Kundenanlagen an das Niederspannungsnetz und deren Betrieb (TAR Niederspannung); Änderung A1
29. VDE-AR-N 4105 Anwendungsregel:2018-11 Erzeugungsanlagen am Niederspannungsnetz – Technische Mindestanforderungen für Anschluss und Parallelbetrieb von Erzeugungsanlagen am Niederspannungsnetz
30. VDE-AR-N 4105 Ber1 zur Anwendungsregel:2020-10 Erzeugungsanlagen am Niederspannungsnetz – Technische Mindestanforderungen für Anschluss und Parallelbetrieb von Erzeugungsanlagen am Niederspannungsnetz; Berichtigung
31. VdS 2234:2024-05 Brand- und Komplextrennwände, Merkblatt für die Anordnung und Ausführung
32. VdS 2871:2020-03 Prüfrichtlinien nach Klausel SK 3602, Hinweise für den anerkannten Elektrosachverständigen

Literatur

Cichowski, R.R., Cichowski, A.: Lexikon der Elektroinstallation, VDE Schriftenreihe 52. Berlin: VDE Verlag, 2020

Fengel, Marc: Prüfung elektrischer Anlagen, Band 1: Grundlagen, Bewertungskriterien, Schutzziele. Heidelberg/München: Hüthig GmbH, 2021

Fengel, Marc: Prüfung elektrischer Anlagen, Band 3: Prüfbericht, ergänzende Prüfungen, typische Mängel. Heidelberg/München: Hüthig GmbH, 2023

Fengel, Marc: Speicher am Niederspannungsnetz. Planung, Errichtung und Betrieb von Batteriespeichern in elektrischen Anlagen. Heidelberg/München: Hüthig GmbH, 2023

Häberle, G. et al.: Tabellenbuch Elektrotechnik. Tabellen – Formeln – Normenanwendung. Haan-Gruiten: Europa Verlag, 2020.

Hochbaum, H., Callondann, K.: Schadenverhütung in elektrischen Anlagen. Berlin: VDE Verlag, 2009

Knies, W., Schierack, K., Berger, M.: Elektrische Anlagentechnik – Kraftwerke, Netze, Schaltanlagen, Schutzeinrichtungen. München: Carl Hanser Verlag, 7. Aufl. 2021

Schmolke, H.: Brandschutztechnische Bewertung und Prüfung elektrischer Anlagen. Berlin: VDE Verlag, 2018

Schuft, W.: Taschenbuch der elektrischen Energietechnik. München: Carl Hanser Verlag, 2007

Stichwortverzeichnis